Pendant des siècles les gens se sont engagés dans une quête à la recherche du Saint Graal.

Personne ne sait vraiment ce qu'est le Saint Graal et si c'est un objet ou autre chose d'impalpable.

Est-ce que le menhir qui a la forme d'une main avec l'index pointant vers le haut sur la photo de la couverture de ce livre nous est laissé comme un signe par les anciens?

Le Saint Graal est peut-être le secret des monuments mégalithiques, construits comme tels pour que leurs énergies spéciales servent tout ce qui vit pour l'éternité.

SIGNE POUR LE SAINT GRAAL?

~~~

AF449338

ÉNERGIE INFINIE AVEC

DES POSSIBILITÉS INFINIES!

Mesurer avec l'antenne de Lecher

à Carnac et en Bretagne en France

Écrit par Anne-Marie Delmotte, Chevalier de l'Ordre de Léopold
~~~

ISBN: 9789082802641
EAN: 978-90-82802-64-1
NUR: 402
NUR2: 100
AWS: W

Photos couverture:

En couverture avant:
Les alignements d'Erdeven. Le menhir qui ressemble à une main avec l'index pointant vers le haut, qui n'a jamais été redressé, marque en fait l'endroit pour ce qui est en dessous. Le doigt vers le haut est aussi une indication sur ce qui est exactement juste au-dessus. Le Saint Graal? Découvrez par vous-même en lisant ce livre.

En couverture arrière:
En haut à gauche: le grand menhir de Champ Dolent avec l'auteur, Anne-Marie Delmotte, devant qui est en train de faire des mesurages en radiesthésie.
En haut au milieu: le lever du soleil à l'équinoxe d'automne au Quadrilatère de Crucuno près de Carnac.
En haut à droite: gravures sur les orthostates (pierres verticales supportant la table) dans le cairn de Gavrinis dans le Golfe du Morbihan. Photo mise à disposition par Jean Louis Potier.
En bas: la pleine lune qui se lève à l'équinoxe d'automne entre les petits menhirs du vieux moulin près de Carnac.

Toutes les photographies sont faites par Anne-Marie Delmotte sauf si indiqué autrement.
Cet ouvrage est répertorié dans le catalogue de la bibliothèque royale à Bruxelles en Belgique.

AUTRES LIVRES/PRODUITS PAR L'AUTEUR:

-Guide pratique pour faire la radiesthésie avec l'antenne de Lecher - formation de base élaborée en géobiologie et bio-énergie

-Cours e-learning: merci de consulter le site internet et/ou la page Facebook pour des réductions et promotions.
Apprendre à pratiquer la radiesthésie avec l'antenne de Lecher bio-énergie
Apprendre à pratiquer la radiesthésie avec l'antenne de Lecher géobiologie

-The Lecher Antenna Adventures and Research in Geobiology and Bio-energy ou avec nouveau titre (e-book) Ascending the Veil on Secret Energies of Megalithic Sites, Energy Healing and Creating Sacred Space Using Free Magical Stones – Dowsed with the Lecher Antenna (anglais)

-Practical Guide for Dowsing with the Lecher Antenna – Elaborate Basic Training Course in Geobiology and Bio-energy (anglais)

-Signpost to the Holy Grail? Infinite Energy with Infinite Possibilities! dowsed with the Lecher Antenna in Carnac and Brittany France (anglais)

-cours e-learning en anglais: Dowsing with the Lecher antenna Bio-energy and Dowsing with the Lecher antenna Geobiology. Merci de consulter le site internet et/ou la page Facebook en anglais pour des réductions et promotions.

POUR DES RENSEIGNEMENTS SUPPLÉMENTAIRES:

Site internet: www.antennedelecherradiesthesie.com

Courriel: annemarielecherenergy@gmail.com

Page Facebook: AntennedeLecher

Site internet anglais: www.lecherantenna-antennedelecher.com

Page Facebook anglais : Lecher Antenna

TABLE DES MATIÈRES

1. INTRODUCTION:
LES ÉNERGIES SPÉCIALES AUX DIFFÉRENTS SITES MÉGALITHIQUES

Toutes les énergies dans ce livre ont été mesurées avec une antenne de Lecher, un instrument scientifique qui permet de détecter et d'envoyer de l'énergie, et qui a un curseur mobile et une réglette pour choisir l'énergie que son utilisateur veut mesurer ou envoyer. Elle mesure au moyen d'une résonance entre ce qui est recherché et ce qui est trouvé.

Sur la photo vous voyez mon antenne de Lecher personnelle.

Photo: mon antenne de Lecher personnelle

J'ai écrit un «Guide pratique pour faire la radiesthésie avec l'antenne de Lecher – formation de base élaborée en géobiologie et bio-énergie» et des cours e-learning en français en 2018 au cas où vous souhaitez en savoir plus sur l'instrument et faire vos propres mesurages.

Deux types de configurations d'énergie principales, qui sont trouvées aux sites mégalithiques dans ce livre, peuvent être distingués.

1° Une configuration d'énergie qui apporte de nombreuses énergies bénéfiques positives et de laquelle l'intérieur est exempte des énergies négatives. Ce dernier est parce qu'un écran de protection est en place juste à l'extérieur des pierres qui forment le monument. Ce type de configuration de l'énergie crée un espace merveilleux pour du travail créatif, la méditation, écrire,... ou simplement pour vous détendre.

J'ai trouvé une configuration similaire très spéciale dans une autre configuration d'énergie (comme la deuxième configuration qui est décrite ci-dessous). Je la mentionne à la fin de ce livre, comme je l'ai seulement découverte au cours de mes derniers jours de mon séjour en Bretagne, qui dura pendant un peu plus qu'un mois et pas assez long comme j'avais du mal à quitter cette merveilleuse région imprégnée des énergies très spéciales.

Note: Je suis en mesure de mettre ce type de configuration énergétique dans des maisons, appartements, bureaux, espaces à l'extérieur, ... Un écran de protection se forme qui fait que les énergies négatives se déplacent à l'extérieur de la configuration. Dans chaque pièce de l'habitation, même le couloir, un ensemble des énergies positives et bénéfiques se mettent en place, et ceci peu importe l'angle de l'emplacement de la maison et peu importe ses dimensions. Ce n'est qu'après que configurais déjà les énergies d'une habitation de telle façon que je me suis rendue compte que certains sites mégalithiques ont les mêmes configurations d'énergies. Je trouve cela assez étonnant et surprenant. J'ai récemment également trouvé un moyen d'absorber les énergies négatives qui sont juste en dehors de l'écran de protection. Ceci est une très bonne chose car cela permet de mettre cette configuration énergétique dans des habitations qui se trouvent juste à côté d'une autre habitation (maisons mitoyennes, appartements, studios,...), donc là où cette énergie négative aurait eu une influence sur l'habitation des voisins.

2° Des sites qui transforment les énergies en énergies bénéfiques qui ont un effet de guérison sur les humains, les animaux et les plantes. Aussi, certains de ces sites forment un écran de protection comme dans la première configuration qui déplace les énergies négatives vers l'extérieur des pierres.

En comparaison avec l'Irlande, la Bretagne a beaucoup plus de menhirs (pierres dressées ou levées), mais aucun cercle de pierres qui sont très courants en Irlande. Bretagne a plutôt des demi-cercles de pierres ou aussi appelés des cromlechs dont je pouvais rechercher quelques-uns, ils démontrent des énergies très différentes aux cercles complets.

Cet ouvrage est écrit en mettant l'accent sur les mégalithes trouvés principalement dans la région de Carnac et certains en Bretagne.

Chaque site possède une qualité énergétique différente, bien que les configurations d'énergie soient reproductibles. Chaque site possède également une « sensation» différente qui peut dépendre des personnes qui les visitent. Je tiens à laisser ceci à découvrir par vous-même. Il serait préférable d'éteindre votre téléphone et d'enlever votre montre s'il fonctionne sur des piles en essayant de «sentir» les énergies présentes sur les sites mégalithiques.

Les sites qui émanent de l'énergie tachyon outre l'énergie sacrée et divine devraient, à ma connaissance, certainement avoir des propriétés de guérison. David Wagner et Gabriel Cousens, qui ont étudié intensivement l'énergie tachyon disent que c'est la source de toute guérison. J'explique l'énergie tachyon extensivement dans le glossaire à la fin de ce livre.

Je vous prie, honorez et montrez du respect pour les sites. Ces structures ont été construites pour une raison spécifique qui est bénéfique pour toute vie sur terre. Je vous prie de les approcher avec votre gratitude pour nous avoir servi depuis déjà des milliers d'années.

Les mots qui sont expliqués dans le glossaire à la fin du livre sont marqués d'un *.

L'antenne de Lecher* peut également être utilisée pour équilibrer les bio-énergies d'une personne et pour aider à nettoyer des maisons des énergies négatives. J'ai récemment «traité» un cas remarquable en faisant des équilibrages des bio-énergies de la personne et en nettoyant sa maison en mettant la première configuration d'énergie en utilisant des matériaux locaux trouvés en Irlande. Cette personne savait qu'elle avait un problème avec certaines énergies, mais était autant désespérée quand je l'ai vue pour la première fois, elle voulait mettre fin à sa vie. Mes interventions avec l'antenne de Lecher* ont fait une énorme différence à sa vie et au bien-être de cette personne. Je reviens sur la mise de cette configuration énergétique quelques fois dans ce livre au moyen de ce que j'appelle des «Pierres Magiques» que j'ai aussi trouvées en Bretagne.

2. EN ROUTE POUR LA FRANCE

ÉNERGIE INFINIE AVEC DES POSSIBILITÉES INFINIES

En route pour la France
Mon coeur veut faire une petite danse
Si heureuse que je suis
De voyager du Pays des Faeries
vers Brittany
la Bretagne

L'Irlande me salue avec un tout beau lever de soleil
qui monte d'un brouillard mystérieux le matin, si tôt
Un paysage tellement beau
Une promesse d'une journée plein de soleil
Pour me rendre au ferry
pour voyager du Pays des Faeries
vers Brittany
la Bretagne

Est-ce que vos mégalithes
vont me révéler ce qui est le plus secret?
Me démontrer toutes leurs énergies?
Est-ce que vos énergies
tiennent une promesse de guérison?
Savent-elles voyager plus vite que la lumière et le son?
Est-ce que mes soupçons sont bons?
Ai-je raison?
Quand je dénonce
que vos énergies
sont infinies
avec des possibilités infinies?
Est-ce que je l'ai bien définie
ma théorie?

3. ARRIVÉE EN FRANCE ET VISITE DU MENHIR
LE PLUS HAUT EN BRETAGNE
LE MENHIR DE CHAMP DOLENT

Aujourd'hui est le premier jour d'une nouvelle aventure avec mon antenne de Lecher*. J'ai quitté Sligo en Irlande hier pour me rendre à Rosslare pour prendre le ferry vers la France, où on est arrivé au port de Cherbourg aujourd'hui vers midi.

La raison principale de faire de la recherche énergétique des mégalithes* en France est parce qu'il y a beaucoup de menhirs*, mais aussi parce que je voudrais comparer les résultats que j'ai obtenus aux sites mégalithiques irlandais à ceux d'autres pays, pour voir si les constructeurs utilisaient les mêmes connaissances et construisaient aux mêmes fins.

Le premier arrêt aujourd'hui était au menhir* de Champ Dolent, près de

Dol de Bretagne. Haut de 9,30 mètres, le menhir* appartient à la série des plus grands monolithes connus sur le Massif Armoricain et est le plus haut en Bretagne. Planté sur un plateau dominant, le menhir* de Champ Dolent se dresse depuis le début du Néolithique*. La pierre, dont la masse est estimée à 120 tonnes a été récupérée dans un gisement de granite distant de 4 kilomètres. Elle n'a jamais été redressée comme d'autres menhirs* dans la région. Une opportunité à ne pas rater, pour un chercheur, comme le menhir* est toujours tel qu'il était il y a des millénaires.

Photo: en train de faire des mesurages au menhir* de Champ Dolent

J'ai remarqué deux trous dans le menhir* qui paraissaient avoir été mis récemment, et je me demandais s'ils ont été mis pour attirer des énergies bénéfiques comme les cupules dans la pierre à la Source Sacrée à Sligo en Irlande.

J'ai rencontré deux dames de la région à qui j'ai parlé des trous dans le menhir*. Une des dames, qui vivait depuis très longtemps près du menhir*, m'a dit que l'ancien propriétaire du terrain sur lequel le menhir* se dresse, avait attaché une tirelire au menhir* pour une charité pour ses enfants pour que les gens puissent y laisser des dons, qui n'a apparemment pas rapporter beaucoup. Le nouveau propriétaire ne voyait aucune nécessité pour cette tirelire et il l'a enlevée ce qui a laissé les deux trous dans le menhir*. Je préfère que les gens laissent les mégalithes* tranquilles. Ils ont été érigés et méticuleusement mis là pour un but et une raison spécifique, et toute altération pourrait avoir une influence.

Photo des trous dans le menhir*

Quand j'étais en train de parler à ces deux dames, j'ai vu une buse qui volait très haut. Elle est ensuite venue voler plus bas et au-dessus du menhir*. Apparemment une apparition rare dans cette région, selon les dames. Un présage? Un signe?

J'ai regardé le type de pierre de plus près dans le menhir*, et j'ai pu observer des particules minuscules scintillantes, fort probablement du mica.

Je tiens à mentionner qu'il était très difficile d'obtenir une lecture stable sur ma boussole comme le nord sur la boussole n'arrêtait pas de changer de position. Le menhir* doit avoir certains composants magnétiques qui provoquaient cela.

Mes mesurages d'énergies révèlent qu'un courant d'eau va vers et en dessous du menhir, que j'ai mesuré avec la valeur de 7,80 sur l'antenne de Lecher* qui est le taux de l'énergie négative de l'eau courante. Cette eau courante ne continue pas comme un signal négatif, mais ce dernier est transformé en énergies bénéfiques par le menhir*. L'eau courante continue donc portant ces signaux d'énergies positives après qu'elle soit passé en dessous du menhir*.

Le menhir* démontre un signal pour des énergies bénéfiques comme l'énergie vitale/force de vie*, l'orgone*, le nombre d'or*, l'énergie divine et sacrée et le tachyon*. Le menhir* transforme donc l'énergie négative en une combinaison d'énergies bénéfiques. L'énergie tachyon* est attirée par le menhir*, mais je l'appellerai transformation tout au long de cet ouvrage pour permettre une lecture plus facile de ce livre. Je vous prie, veuillez bien consulter le glossaire à la fin de ce livre pour savoir plus sur l'énergie tachyon* et ses bénéfices, ainsi que sur les caractéristiques, bénéfiques et mauvaises, de l'orgone*. Le menhir* n'a pas de signal pour transformation. Il y a une petite pierre en granite noir devant le grand menhir* (voir photos ci-dessus) qui démontre un signal pour transformation et le nombre d'or*. Il semble qu'une collaboration est en place pour que le menhir* soit opérationnel.

L'énergie négative que le menhir* transforme, ne provient pas seulement du signal négatif de l'eau courante. Non! J'ai mesuré que le menhir* attire 60! lignes énergétiques des réseaux de la terre*, étant le réseau Hartmann, le réseau Curry, le grand réseau global et le grand réseau diagonal. Il s'agit de dix fois plus de lignes des réseaux qui sont attirées par le menhir*, par rapport au nombre de lignes que j'ai mesurées d'être attirées, ceci étant 6, par un menhir* en Irlande.

Mais le menhir* que j'ai mesuré en Irlande est certainement dix fois plus petit que le menhir* du Champ Dolent. Je me pose la question sur le numéro 6. Pourquoi 6, pourquoi 60? Les menhirs*, que j'ai mesurés en Irlande ont différentes tailles, mais ils attirent tous 6 lignes de chaque réseau de la terre*. Je dois avouer que les menhirs* que j'ai mesurés en Irlande, seulement un menhir* était encore érigé et intact, tandis que les autres étaient tombés et certains brisés en morceaux, mais néanmoins, les derniers fonctionnaient toujours, ou autrement dit, ils attirent les lignes des réseaux de la terre* et transforment leurs énergies négatives.

Ces 60 lignes des réseaux qui sont attirées par le menhir*, se trouvent sur les 4 côtés du menhir* et s'étendent sur 13 pas devant et à l'arrière du menhir*, et sur 16 pas de ses deux côtés.

J'ai vérifié le périmètre autour du menhir* pour les réseaux de la terre*, qui n'était pas une tâche facile puisque que les environs sont de la terre agricole, mais les parties que j'ai pu vérifier, j'ai trouvé que les réseaux de la terre* étaient absents. Il est bien probable que ce sont ces lignes-là qui sont attirées par le menhir*, rendant la terre environnante exempte des énergies négatives des réseaux de la terre*, ce qui est bénéfique pour les récoltes.

La même chose pour le signal négatif de l'eau courante qui a été complètement neutralisé par le menhir* et qui a pris les énergies bénéfiques émanant du menhir*, les transportant dans la terre comme une sorte de fécondation avec des énergies positives pour de meilleures récoltes, bien au moins pour la production des aliments, qui ont une des vibrations élevées et qui sont de ce fait très nourrissantes. La vibration des aliments peut être mesurée sur l'échelle de Bovis*. Un aliment ne doit pas être riche en calories pour être nutritif, il doit plutôt avoir beaucoup d'énergie. La plus haute la valeur en unités de Bovis, le plus sain est l'aliment.

Les lignes du grand réseau diagonal s'écartent de 36 mètres et l'énergie de ses nœuds - croisement de deux lignes d'énergie - de ce réseau sont les plus agressifs de tous les stress géopathiques*, les deuxièmes plus agressives étant ceux des failles géologiques. Le menhir* du Champ Dolent nettoie la terre de ces lignes d'énergie très négatives d'une surface de 60 fois 36 mètres, résultant en une terre exempte de l'énergie négative du grand réseau diagonal d'environ 2,16 kilomètres. Les lignes des autres réseaux de la terre sont moins écartées, les moins écartées sont ceux du réseau Hartmann, qui ont seulement 2 mètres d'écart. La surface qui est nettoyée des lignes du réseau Hartmann par le menhir* est donc d'environ 120 mètres autour du menhir*.

J'ai mesuré le menhir* pour un signal de connexion cosmique et tellurique (connexion à la terre) et je les ai trouvés respectivement très haut dans le ciel et très profondément enraciné dans le sol. Quelques personnes m'ont récemment dit que les menhirs* ont également des chakras comme des êtres humains et des animaux. Pas mieux que le présent pour vérifier. J'ai trouvé que le signal du chakra de la couronne correspond à l'endroit où j'ai trouvé l'énergie cosmique et le chakra racine à l'endroit où j'ai trouvé l'énergie tellurique, donc profondément dans la terre. Je suis très satisfaite avec mes résultats qui sont similaires à ceux que j'ai trouvés en Irlande. Une percée scientifique tout à fait.

Je me trouve maintenant dans ma chambre d'hôtel à Saint Benoît des Ondes en train d'écrire ceci où j'ai l'intention de profiter d'un agréable repas. Le poisson et les huîtres sont très bonnes et à un prix abordable ici.

4. SAINT BENOÎT DES ONDES – MENHIRS DE MONTENEUF - CARNAC

Je me suis levée bien avant l'aube ce matin. Le coucher du soleil est plus tôt ici qu'à Sligo, j'ai donc dû reporter ma promenade sur la plage prévue pour après le dîner jusqu'à ce matin.

Quand je suis sortie sur la promenade qui se trouve à côté de la baie, j'ai remarqué que j'avais garé ma voiture sous un arbre et les goélands se sont bien amuser avec. Il y a beaucoup de producteurs d'huitres et des moules ici ce qui fait les oiseaux mangent très bien, ma voiture en étant témoin. Après ma promenade, je suis allée à un lave-auto, car je ne voulais pas faire une mauvaise première impression de moi à Carnac avec une voiture décorée de confettis!

J'ai voulu me rendre à Carnac directement, mais je ne pouvais pas résister à prendre la sortie pour les «Menhirs* de Monteneuf». C'est un site qui date de 4500 ans avant Jésus Christ et qui contient environ 400 menhirs*, dont 42 ont été redressées. Je n'ai pas fait des lectures d'énergies puisque je voulais attendre de mesurer des alignements* jusqu'à ce que je sois à Carnac et commencer avec des alignements* de pierres qui n'ont pas été redressées. Les menhirs* qui ont été redressés à Monteneuf ont été érigés d'une façon pour qu'ils soient exactement pareils à ce qu'ils étaient avant qu'ils soient tombés.

De nombreuses autres pierres, il n'est pas connu si elles ont été abandonnées avant d'être érigées, ou si elles étaient en cours de déplacement, ou si elles ont été déplacées beaucoup plus tard que le Néolithique*.

Le champ où les pierres ont été redressées est majestueux et vaut certainement une visite, et l'ensemble de l'archéosite est situé dans une belle forêt, particulièrement belle cette période de l'année lorsque les fleurs de la bruyère transforment des parties des champs en des plus beau tapis mauves.

Photos: champ des menhirs* de Monteneuf

C'est une belle promenade à travers l'archéosite qui est ouverte au public toute l'année. Il y a aussi une reconstruction d'une maison néolithique* et un «chantier» où on peut voir comment les pierres ont été déplacées et érigées.

C'était peut-être mieux pour moi d'avoir vu ceci avant de commencer ma recherche des alignements* à Carnac, car il y avait une mention à Monteneuf que ce n'était pas un lieu de sépulture et qu'il n'y a aucune

17

trace que leurs constructeurs y vivaient. En fait, on ne sait pas où ces constructeurs ont vécu jusqu'à présent. Peut-être un indice pour mes recherches à Carnac!?

Je devais me dépêcher parce que j'avais promis à mon hôte AirBnB à Carnac que j'arriverais à une certaine heure pour décharger mes bagages. J'ai eu un joli petit studio à l'arrière de la maison des propriétaires. Très agréable et calme pour écrire ce livre.

J'ai ensuite visité le musée de préhistoire à Carnac et puis je me suis rendue à pied au tumulus Saint-Michel, le plus vieux site mégalithique à Carnac datant de 4500 ans avant Jésus Christ. Je ferai des mesurages ici un autre jour comme je passerai quand même quelques semaines à Carnac.

Je me trouve maintenant dans mon AirBnB où je suis installée et en train d'écrire ceci. Demain sera une très longue journée. Je vais vérifier certains alignements* à Carnac. Ai-je raison si je les appelle déjà les champs TACHYON de Carnac?

5. QUADRILATÈRE DE MANIO – GÉANT DE MANIO –DOLMEN DE KERLESCAN – LES ALIGNEMENTS DE KERLESCAN

Je suis partie très tôt aujourd'hui parce qu'il n'y a pas beaucoup de gens qui visitent les sites à cette heure de la journée, ceci me donne l'occasion de faire des mesurages sans être interrompue.

Le temps est très beau, chaud et que du soleil, ce qui fait que c'est très agréable d'être dehors, même avant le lever du soleil. Un ami de Facebook, qui vit à Carnac m'a conseillé que l'alignement* à Carnac avec le moins de pierres redressées est celui de Kerlescan. Une fois arrivée à Kerlescan, j'ai pris un petit chemin qui m'a conduite au quadrilatère* et du Géant de Manio. Un endroit magnifique.

5.1. QUADRILATÈRE DE MANIO

Photo: quadrilatère* de Manio

J'ai commencé à faire des mesurages du quadrilatère* qui est une enceinte* rectangulaire composée de petites pierres qui se joignent bord à bord. La partie intérieure est exempte des lignes énergétiques de tous les réseaux de la terre*. Ces lignes sont accumulées juste à l'extérieur des pierres ce qui est une indication qu'un écran de protection contre les énergies négatives est en place.

L'intérieur du quadrilatère démontre un ensemble d'énergies bénéfiques, plus précisément un croisement de deux lignes d'énergies sacrées et divines, ainsi que deux lignes Ley bénéfiques. Le milieu énergétique, qui se trouve là où se croisent les lignes d'énergies positives, montre un signal pour la résonance Schumann et un vortex qui tourne en sens horaire. Il y a des lignes traversant en diagonale qui sont des portails vers une vibration plus élevée. L'espace se sent très bien et la configuration d'énergie ici est similaire aux chambres dans ma maison en Irlande qui montrent le même ensemble d'énergies dans chaque pièce de la maison. J'ai atteint cet objectif en mettant quatre pierres, «Pierres Magiques», que j'ai trouvées sur la plage à Sligo en Irlande, qui est un endroit où il y a beaucoup de mégalithes, dans les coins de ma maison.

Le quadrilatère* a une ligne Ley Delmotte 16,4* avec une direction de 190 degrés qui signifie qu'il y a une structure du même type dans cette direction. En regardant la carte, cela m'amène dans la direction de la mer et de l'île de Belle-Île. Beaucoup de mégalithes sont maintenant, en effet, sous le niveau de la mer comme la mer a augmenté de 5 à 7 mètres depuis que les mégalithes* ont été construits.

5.2. GÉANT DE MANIO

Le Géant de Manio a environ 6,5 mètres de haut et est le plus haut menhir* sur la commune de Carnac. Il a été redressé au début du 20ème siècle par Zacharie Le Rouzic et son équipe. Étonnamment, ou peut-être pas si surprenant, le menhir* est opérationnel et les résultats de mes mesurages sont comparables à ceux du menhir* du Champ Dolent, seulement plus fort. Cela pourrait être expliqué par la proximité de nombreux d'autres menhirs* comme j'ai déjà découvert en Irlande qu'un menhir qui est tombé ou même brisé* à proximité d'un qui est érigé, garde toutes ses fonctions comme s'ils collaborent en quelque sorte.

J'ai rencontré deux dames françaises qui étaient très intéressées par ce que je faisais, et qui étaient même intéressées à suivre une formation antenne de Lecher organisée par moi. J'aimerais bien le faire à Carnac où quelque part en Bretagne un jour. Une des dames m'a dit qu'elle voyage régulièrement 850 kilomètres rien que pour la guérison du Géant. Un rouge-gorge est resté proche pendant quelques minutes. Il avait l'air aussi intéressé par ce que je faisais que les deux dames françaises.

Le Géant transforme l'énergie des réseaux de la terre* et attire 120 lignes énergétiques des réseaux Hartmann et Curry (en tous cas dans 2 directions, je ne pouvais pas vérifier dans les autres directions car il n'y n'avait pas assez d'espace pour compter tous les signaux). Le Géant attire également 90 lignes du grand réseau global et du grand réseau diagonal. Encore une fois, des multiples de 6. Qu'est-ce qu'il y a avec ce numéro 6?

90 fois 36 mètres pour le réseau diagonal signifie que les lignes d'énergie de ce réseau sont attirées de 3,24 kilomètres d'autour du menhir* pour rendre cette terre exempte des énergies très négatives des nœuds de ce

réseau. 120 fois 2 mètres pour le réseau Hartmann signifie que les lignes d'énergie de ce réseau sont attirées par le menhir* de 2,40 kilomètres autour du menhir*. Le menhir* donne un signal pour la transformation, l'énergie vitale/force de vie*, l'énergie tachyon*, l'orgone*, l'énergie divine et sacrée. Cette énergie est formée en utilisant l'énergie négative des lignes des réseaux qui sont attirées par le menhir* et un signal négatif de l'eau qui cours sous le menhir*, et qui est complètement neutralisé. L'eau courante sort d'en dessous du menhir* portant les signaux des énergies bénéfiques qui sont amenés pour fertiliser la terre. J'ai ensuite vérifié la connexion cosmique et tellurique (terre) et les chakras du menhir*. Les résultats sont comparables à ceux du menhir* du Champ Dolent que j'ai mesuré il y a deux jours.

Photo: Géant de Manio

J'ai trouvé trois distinctes lignes Ley Delmotte 16,4* avec directions 176 degrés, 180 degrés et 200 degrés. Vérification sur Google Maps montre que ces directions sont vers les alignements* de Manio.

Finalement, je me suis retrouvée devant les alignements de Kerlescan* où j'ai vu l'ami de Facebook qui vit à Carnac et qui m'avait conseillé de venir ici pour faire des lectures, puisqu'il s'agit de l'endroit où le moins de menhirs* ont été redressés.

5.3. DOLMEN DE KERLESCAN

J'ai ensuite repris mon chemin autour des alignements* de Kerlescan pour avoir une idée de comment je les «ressens», mais j'ai trouvé un petit chemin qui a attiré mon attention et qui m'a amené jusqu'au dolmen* de Kerlescan. Des mesurages de ce dolmen* ont révélés des résultats similaires à ceux que j'ai obtenus en Irlande du dolmen* Listoghil à Carrowmore, des dolmens* qui sont dans les cairns* du complexe mégalithique de Carrowkeel et du dolmen* Labby Rock, qui se trouvent tous dans la région de Sligo sur la côte ouest de l'Irlande.

Le dolmen* de Kerlescan transforme également l'énergie négative en énergie vitale/force de vie*, l'orgone* et l'énergie tachyon*. L'énergie sacrée et divine sont également présentes et même un réseau d'énergie sacrée qui se trouve à l'intérieur du confinement du dolmen comme à Creevykeel et Listoghil en Irlande. Les lignes des réseaux de la terre* sont absentes dans le dolmen et sont décalées vers l'extérieur de la construction où elles sont accumulées, indiquant qu'un écran de protection est en place. Il y a un signal pour l'eau courante, qui passe en dessous du dolmen, et qui est complètement neutralisé et qui sort portant les signaux des énergies bénéfiques comme l'énergie sacrée et divine, le nombre d'or*, l'énergie vitale/force de vie*, l'orgone* et le tachyon* pour fertiliser la terre. L'énergie négative qui est transformée en énergie bénéfiques provient donc complètement du signal négatif de l'eau courante.

Photo: dolmen* de Kerlescan

Il y a deux lignes Ley Delmotte 16,4* qui viennent de la construction, dont une de plus ou moins la hauteur de son entrée et une de l'autre côté du dolmen à la même hauteur. Ces deux lignes Ley Delmotte 16,4* portent aussi les énergies bénéfiques avec eux dans la terre. Le dolmen a de l'énergie cosmique et de l'énergie tellurique (de la terre).

5.4. ALIGNEMENTS DE KERLESCAN

Je me trouvais finalement autour des alignements* de Kerlescan. Il me paraîssait que j'étais en train de marcher à côté d'un «champ industriel». Production en masse d'énergies bénéfiques!

Les alignements* de Kerlescan sont 350 mètres de long et les plus petits à Carnac. Ils se composent de 258 menhirs* organisés en 13 rangées.

Photo: alignements* de Kerlescan

Les menhirs* que j'ai réussi à mesurer, il y en a tellement, donne un signal pour transformation, énergie vitale/force de vie*, énergie sacrée et divine, l'orgone* et le tachyon*.

J'ai cherché des lignes Ley Delmotte 16,4* et elles sont partout. Entre deux menhirs* dans la même rangée, entre deux menhirs* de deux rangées différentes qui sont l'une à côté de l'autre, mais aussi entre deux menhirs* qui sont dans des rangées plus éloignées. Elles se croisent vraisemblablement partout dans le champ d'alignements*. Les lignes Ley Delmotte 16,4* portent aussi les énergies bénéfiques avec eux partout où ils vont. Tout simplement trop de menhirs* pour pouvoir tout vérifier. Je peux seulement imaginer quelle multitude de 6 des lignes des réseaux de la terre* sont attirées dans ce champ des menhirs*. Ceci doit être une quantité énorme. Je ne me vois pas compter tous ces signaux. Mais j'ai encore beaucoup de temps pour rechercher les alignements* à Carnac. Je ferai en tous cas tout pour pouvoir faire un maximum de mesurages.

J'ai ensuite mesuré à quelle hauteur les différentes énergies bénéfiques s'étendent. L'énergie tachyon*, sacrée, divine et l'orgone* s'étendent à très haut dans le ciel. Le signal pour nombre d'or* est juste au-dessus des menhirs* et l'énergie vitale/force de vie* est juste un peu plus au-dessus de celui de l'énergie du nombre d'or*.

Je suis époustouflée. Cela confirme ce que je pensais. Comme l'énergie tachyon* contient toutes les fréquences et est la source d'énergie primaire de toute forme sur terre je peux que dire le suivant: énergie infinie avec des possibilités infinies. LES CHAMPS TACHYON DE CARNAC.

Le tachyon* est la seule forme d'énergie qui se déplace plus vite que la vitesse de la lumière et selon Einstein quand on voyage plus vite que la vitesse de la lumière, on retourne dans le temps. C'est quoi exactement ce que je suis en train de découvrir? Même la possibilité de voyager dans le temps? J'ai décidé à comprendre les alignements* pas à pas et les laisser jusqu'à la fin de mon séjour quand je vais avoir une meilleur idée des énergies de la plupart des mégalithes* dans la région.

J'étais déjà en train de faire des mesurages d'énergies pendant environ 6 heures et je pourrais faire une pause qui me semblait bien méritée. Je me suis récompensée avec un déjeuner, bien tard car il était déjà 2 heures de l'après-midi, un menu 3 plats aux huîtres et poisson au restaurant La Côte qui se situe juste en face des alignements. Une cuisine délicieuse et la possibilité de manger dans leur jardin qui est très joli, et le personnel et la propriétaire sont très gentils. Après le déjeuner, j'ai visité «la maison des mégalithes» où j'ai parlé un bon moment avec deux personnes qui y travaillent.

J'ai décidé que j'avais déjà bien travaillé aujourd'hui et je suis allée au supermarché pour faire quelques courses. J'ai décidé d'écrire quotidiennement ce que j'ai fait, car c'est la seule façon d'être dans le moment présent de mes recherches afin que je puisse prendre le lecteur avec moi, au cœur de mes aventures, la découverte progressive des énergies des mégalithes, quelque chose qui se développe et se révèle de jour à jour, tout au long de mon séjour en Bretagne.

6. CARNAC – LE PETIT MENEC – GAVRINIS – KERZERHO OU ERDEVEN – CRUCUNO

6.1. KERLESCAN ET LES ALIGNEMENTS DU PETIT MENEC

Aujourd'hui était une journée très longue. Je me suis levée bien avant les oiseaux pour voir si les énergies aux alignements* de Kerlescan sont différentes à l'aube. Je suis arrivée bien avant le lever du soleil, mais mes lectures étaient les mêmes qu'hier. C'était bien agréable de marcher le long du périmètre des alignements* sans qu'il y ait quelqu'un. Il faisait un peu nuageux donc il n'y avait pas de lever de soleil bien net, juste un peu de rouge dans le ciel et une belle formation de nuages. Je pouvais percevoir et entendre des écureuils qui étaient en train de courir et sauter gaiement dans les arbres.

Après le lever du soleil, je me suis rendue aux alignements* du Petit Menec. Ceux-ci sont situés à l'extrémité du site de Carnac et sont librement accessibles toute l'année. Malgré leur apparence actuelle, longues et harmonieuses rangées de pierres, elles ont été fortement endommagées durant les années 1800. Leurs dimensions actuelles sont 8 rangées de menhirs* réparties sur 400 mètres. Il y avait personne, en dehors de quelques chevreuils que je pouvais voir de loin. Une très bonne occasion pour mesurer comment les menhirs* interagissent entre eux. Mes mesurages indiquaient des croisements des lignes Ley Delmotte 16,4* entre eux, semblables à celles que j'ai trouvés hier aux alignements* de Kerlescan. C'était beaucoup plus facile de faire ces mesurages comme le site est librement accessible et je pouvais marcher entre les rangées et entre les menhirs*. Ils transforment tous l'énergie comme les menhirs* isolés en énergie vitale/force de vie*, l'orgone* et le tachyon*, l'énergie sacrée et divine sont également présentes, ainsi que le nombre d'or*. Chaque menhir attire 6 ou 12 lignes de tous les réseaux de la terre*. Ces menhirs* sont petits comparés à ceux des alignements* de Kerlescan.

Photos des alignements* du Petit Menec et moi-même avec l'antenne de Lecher*

6.2. GAVRINIS

J'avais une réservation pour prendre un bateau au cairn* de Gavrinis situé sur l'île de Gavrinis. Faire une réservation est certainement conseillé car c'est un site populaire, et ceci peut être fait par un simple appel téléphonique. Le bateau débarque du port de Larmor Baden. À marée basse, le bateau va également à l'Île d'Er Lannic qui a un demi-cercle de pierres ou cromlech*. Ce sont en fait deux demi-cercles dont le deuxième est sous le niveau de la mer à marée haute. J'ai fait quelques mesurages au cairn* de Gavrinis et la chambre centrale donne un signal pour «l'eau stagnante». Curieux, comme le signal devrait être déplacé vers l'extérieur du cairn* s'il y a un écran de protection en place, mais je vais revenir à ceci plus tard car je viens visiter le cairn* encore une fois d'ici deux jours, mais cette fois ci avec l'ami de Facebook qui a dit que nous allons rester sur l'île beaucoup plus longtemps qu'une visite conventionnelle et que lors de cette visite j'aurai l'occasion de faire mes lectures d'énergies à l'aise.

Photo: cairn* de Gavrinis

6.3. ALIGNEMENTS DE KERZERHO PRÈS D'ERDEVEN

Bien que moins connu, les alignements* de Kerzerho ou Erdeven étaient initialement beaucoup plus larges que ceux de Carnac. Les plus grands menhirs* (jusqu'à 6,5 mètres) et les plus grandes pierres (77 tonnes) dans la région sont trouvés ici. Il aurait pu être jusqu'à 50 rangées de pierres au départ. Le site consiste en 2 parties; une avec des alignements* de taille «normale» et une autre avec des alignements* des Géants ou aussi appelés «Pierres Guérissantes».

Photos: les Géants (dessus) et les menhirs* de taille «normale» (dessous)

J'étais assez fatiguée et j'avais décidé de prendre une pause courte. J'ai ensuite commencé à mesurer combien de lignes énergétiques des réseaux de la terre* les Géants attire et j'ai trouvé 6 pour tous les réseaux et pour les quelques menhirs* que j'ai mesurés.

Un homme français est venu vers moi et m'a dit qu'il sait ce que c'est une antenne de Lecher* et il semblait que nous avions reçu des cours de formation similaires, mais par d'autres profs. Il m'a parlé de ses problèmes de polarité et que cela interférait avec ses mesurages avec l'antenne de Lecher*. Je lui ai demandé si je pouvais faire quelques bio-lectures de lui et faire un petit équilibrage si nécessaire. J'ai fait deux corrections importantes. Sa femme, qui est également intéressée par l'énergétique, nous avait rejointe entretemps, et nous avons encore discutés un bon moment sur le travail énergétique.

L'homme français m'a contacté quelques semaines après pour me faire savoir que mes corrections sont restées et que cela, pour lui, était un changeur de vie. Ils sont partis et j'ai encore fait quelques lectures des Géants de Kerzerho et des menhirs* de taille «normale». Mes lectures confirment mes mesurages de ce matin au Petit Menec, ceci étant la transformation de l'énergie en énergies bénéfiques, seulement ici 6 lignes de chaque réseau sont attirées au lieu de parfois 12 au Petit Menec.

D'autres personnes sont venues vers moi pour me demander ce que faisais et quel était le résultat de mes recherches.

6.4. DOLMEN ET QUADRILATÈRE DE CRUCUNO

Je voulais absolument aller voir un site appelé Crucuno. Le premier mégalithe* qu'on voit à Crucuno est son magnifique dolmen*. Ici, les énergies sont également transformées comme par les dolmens* en Irlande. La différence entre les menhirs* et les dolmens*, c'est que les dolmens* n'attirent pas des lignes des réseaux de la terre*. Ils utilisent l'énergie négative qui se trouve sous eux, comme celle de l'eau courante, des failles, source d'eau, … comme source pour la transformation en énergies positives.

Photo: dolmen* de Crucuno

Mais je n'avais pas encore vu le site que je tenais vraiment à voir, le cromlech* ou le quadrilatère* de Crucuno. Celui-ci est censé d'être aligné aux solstices d'hiver et d'été. Sur mon chemin, j'ai demandé à un couple où je pourrais trouver le cromlech*. Il semblait que je n'étais pas loin.

Comment c'est impressionnant et large. Et quelle beauté!

Les énergies sont les mêmes que celles que j'ai trouvées quelques jours auparavant au Quadrilatère* de Manio et identique à celles configurées dans ma maison. Je me sentais comme si j'étais chez moi à la maison! Un espace très agréable et l'ensemble des énergies est très bien pour du travail créatif, la méditation, écrire,... ou simplement pour se détendre.

Photos: Quadrilatère* de Crucuno et moi-même, en train de faire des mesurages

Il faisait déjà très tard et ça faisait déjà plus de 12 heures que j'étais en train de travailler et je devrais encore faire mon écriture quotidienne. Et je serai également très occupée pendant les jours qui viennent. Trois jours des visites guidées et conférences organisées par l'ami de Facebook qui vit ici. Quelle vie!

7. CRUCUNY – TUMULUS DE KERCADO – QUIBERON

Je me suis levée un peu plus tard aujourd'hui afin d'un peu me détendre et de prendre du temps pour moi-même. La journée a commencé par répondre à des courriels urgents et à payer des factures. Cela doit être fait aussi, malheureusement. Et comment c'est décontractant!

En analyse rétrospective, je viens de passer quelques jours où j'ai fait de nombreux mesurages d'énergies, ça pourrait bien être quelques milliers de lectures. Mes résultats sont comparables à ceux que j'ai trouvés en Irlande et je m'occupe actuellement de faire des mesurages pour voir s'ils sont reproductibles. Un côté plus ennuyeux de la recherche scientifique. Mais les mégalithes* ici sont bien une compensation pour cela vu leurs beautés et leurs tailles importantes. Dolmens*, menhirs*, tumulus*,… et autant d'eux si bien conservé.

Les résultats de ma recherche des menhirs* proviennent principalement d'ici en Bretagne comme il y en a tellement. J'ai vu, très probablement, un millier déjà ces derniers jours! Ils diffèrent les uns des autres en combien de lignes énergétiques des réseaux de la terre* qu'ils attirent et leur taille ne semble pas jouer un rôle en ceci. Les menhirs* des alignements* semblent attirer 6 ou 12 lignes des réseaux tandis qu'un seul menhir* comme le Géant de Manio en attire 120 de certains réseaux. Ce nombre plus élevé en lignes d'énergie attirées pourrait s'expliquer par la proximité immédiate d'autres menhirs* car mes mesurages en Irlande ont déjà indiqués qu'un menhir* semble avoir une influence sur le fonctionnement d'autres menhirs*.

7.1. CRUCUNY

La Bretagne n'a pas des cercles de pierres et seulement quelques demi-cercles comme celle sur l'Île d'Er Lannic que nous avons passée dans le bateau hier et où je vais à nouveau demain. J'ai lu dans un livre sur Carnac d'un demi-cercle de pierres à Carnac, plus précisément à Crucuny, alors j'ai pensé que c'était un bon point de départ pour aujourd'hui puisqu'il s'agissait d'une chance unique de voir et de faire des lectures de ses énergies. J'ai essayé de le localiser, mais je ne pouvais pas le trouver. J'ai demandé à une personne locale qui avait l'air un peu perplexe de ma question. Il m'a confirmé qu'il y en a un, mais qu'il a été utilisé pour construire le mur à côté de la route et m'a donné les indications pour le trouver.

Photos du demi-cercle de Crucuny

Comme j'étais ici, je pourrais aussi bien essayer de le mesurer, mais je n'avais aucune idée à quoi m'attendre. Tous les menhirs* donnaient un signal pour le nombre d'or* et à ma grande surprise aussi pour l'énergie vitale/force de vie*, l'orgone* et le tachyon*. Bien qu'aucun menhir* ne donnait un signal pour transformation. Je me souviens du site mégalithique Loughcrew et les nouvelles fouilles de Devenish dans la vallée de la Boyne en Irlande que le signal de transformation peut provenir d'une pierre distincte qui ne doit pas être d'une qui est érigée.

J'ai scanné tous les alentours et j'ai trouvé un signal pour transformation provenant d'un champ de maïs en face d'où se trouve le demi-cercle. Aucun moyen de savoir ce qui est à la source, puisque je devais me rendre à travers ce maïs déjà bien haut. Un souvenir me revenait à l'esprit d'un film très effrayant sur des agroglyphes avec Kevin Bacon, si je me souviens bien. Je l'ai laissé pour que c'était et je me suis pas rendue dans ce champ de maïs, il faillait sans doute aussi la permission du propriétaire du champ. Mais quand même, des Incroyables lectures pour un mur à côté de la route!

7.2. TUMULUS DE KERCADO

J'ai ensuite visité le tumulus* de Kercado. Encore un mégalithe très beau et bien conservé. Et ses énergies sont parfaites.

Photo: tumulus* de Kercado

Il y a un menhir* qui est situé au sommet du tumulus* et un à plusieurs mètres devant son entrée qui donnent tous les deux un signal pour la transformation. Les orthostates à l'intérieur du tumulus* donnent également un signal pour la transformation. Il y a trois courant d'eau qui viennent du cairn*, une indication que le tumulus* se trouve sur une source d'eau. Ils ne peuvent qu'être détectées par le signal d'énergies bénéfiques qu'ils ont prises et qui sont produites par le cairn*. Le cairn* neutralise le signal de l'énergie négative de l'eau complètement. Les lignes énergétiques des réseaux de la terre* sont accumulées juste à l'extérieur du cairn*. Je m'attendais qu'elles allaient se trouver juste en dehors du cercle de pierres qui entoure le cairn*, ce n'est pas le cas, mais j'ai vu que ceux-ci ne font pas un cercle complet autour du tumulus*, même pas un demi-cercle. Comment le comportement d'énergies est prévisible!

Les orthostates transforment les énergies négatives de l'eau en énergie vitale/force de vie*, l'orgone* et le tachyon*. Le tumulus* a également de l'énergie sacrée, divine, cosmique et tellurique énergie (terre).

Je me suis gâtée par un plateau de fruits de mer délicieux au restaurant Calypso dans le pittoresque petit village de Pô où les huîtres sont cultivées et où j'ai fait une belle promenade en bord de mer. Le temps est toujours très beau et chaud. Magnifique! Je me sens comme si j'étais au paradis et pas juste au paradis, au paradis mégalithique. Je veux rester ici, ne plus jamais partir!

7.3. PIERRES MAGIQUES DE QUIBERON

Je voulais voir quelques dolmens* qui m'ont été recommandé par l'ami de Facebook, mais j'ai décidé de prendre une autre sortie au carrefour dans la direction de Quiberon où j'ai fait une belle promenade le long de la côte et dans le port.

J'ai pris quelques pierres de la plage qui contiennent encore de plus grandes et plus nombreuses paillettes que mes «Pierres Magiques» d'Irlande qui déplacent tous le stress géopathique*. J'ai hâte de voir ce que ceux de Quiberon vont faire. Mon hôte m'a demandé ce matin si les énergies dans mon studio sont bonnes. Pas mieux que le présent pour tester mes «Pierres Magiques» de Quiberon.

Photo: pierres avec pièces scintillantes de Quiberon; réglette en centimètres

Photo: «Pierres Magiques» et lignes du réseau Curry (bandes larges) et du réseau Hartmann (bandes étroites) de la terre*; direction sur la boussole est de 30 degrés nord

Sur la photo ci-dessus, les petites bandes blanches représentent les lignes du réseau Hartmann et les bandes blanches plus larges, les lignes du réseau Curry. J'ai mis les quatre pierres de Quiberon dans un rectangle autour d'eux et les lignes des réseaux se sont décalées et accumulées juste à l'extérieur des pierres, les pierres créent donc un écran de protection contre les énergies négatives. J'ai mis tout le studio dans la configuration des quatre pierres qui apporte également toutes sortes d'énergies bénéfiques dans le studio, mais pas de l'énergie tachyon* ou orgone*. L'orgone* n'est pas bénéfique à la vie comme orgone* devient de l'orgone* mort lorsqu'il ne peut pas bouger ou quand il se trouve dans un espace confiné.

J'ai, bien sûr, fait en sorte que la maison de mon hôte ne soit pas affectée par la configuration d'énergies car il y a une accumulation de stress géopathique* juste à l'extérieur de la configuration des pierres, pour laquelle j'ai entretemps trouvé une solution. Comme vous pouvez déduire de la lecture sur la boussole, aucun angle spécifique n'est nécessaire pour faire qu'un écran de protection et que des énergies bénéfiques s'installent, ni soient certaines dimensions.

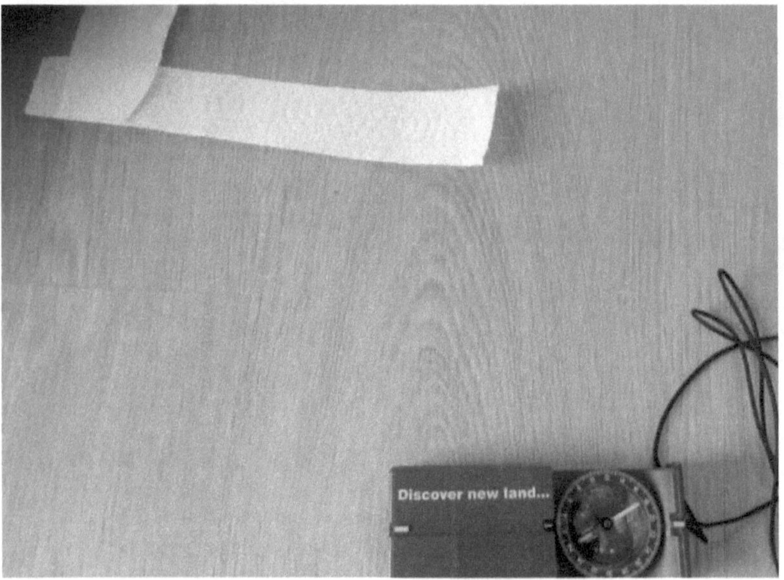

Photo: lecture sur la boussole: 30 degrés nord

8. VISITE GUIDÉE DE GAVRINIS ET CONFÉRENCE SUR L'ESPACE SACRÉ COMME DÉCRIT DANS LA BIBLE

Aujourd'hui va être une journée bien spéciale. L'ami de Facebook qui vit ici fait une visite guidée au cairn de Gavrinis* où j'étais il y a deux jours, mais où nous passerons beaucoup plus de temps que sur les circuits habituels et ce soir, il donnera une conférence sur l'espace sacré selon la Bible. La visite guidée avec l'ami de Facebook, qui s'appelle Howard Crowhurst, du cairn* de Gavrinis était plus agréable aujourd'hui que celui que j'ai fait, il y a deux jours. Nous avons eu beaucoup plus de temps et on pourrait aller même deux fois dans le cairn*. Une fois avec Howard qui donnait son avis sur le cairn* et son alignement du solstice d'hiver. Presque tout le monde dans notre groupe était intéressé par l'énergétique et certains sont même venus de très loin, juste pour faire les visites guidées avec Howard et d'autres aussi pour ses conférences. Mes lectures d'énergies montrent que ce cairn* produit aussi de l'énergie vitale/force de vie*, le tachyon* et l'orgone*. Le signal de transformation provient d'orthostates dans le cairn* dont la plupart sont décorés avec des gravures très belles. C'est très probablement le plus beau cairn* dans le monde entier.

Photos: gravures dans le cairn* de Gavrinis – photo par Potier Jean-Louis

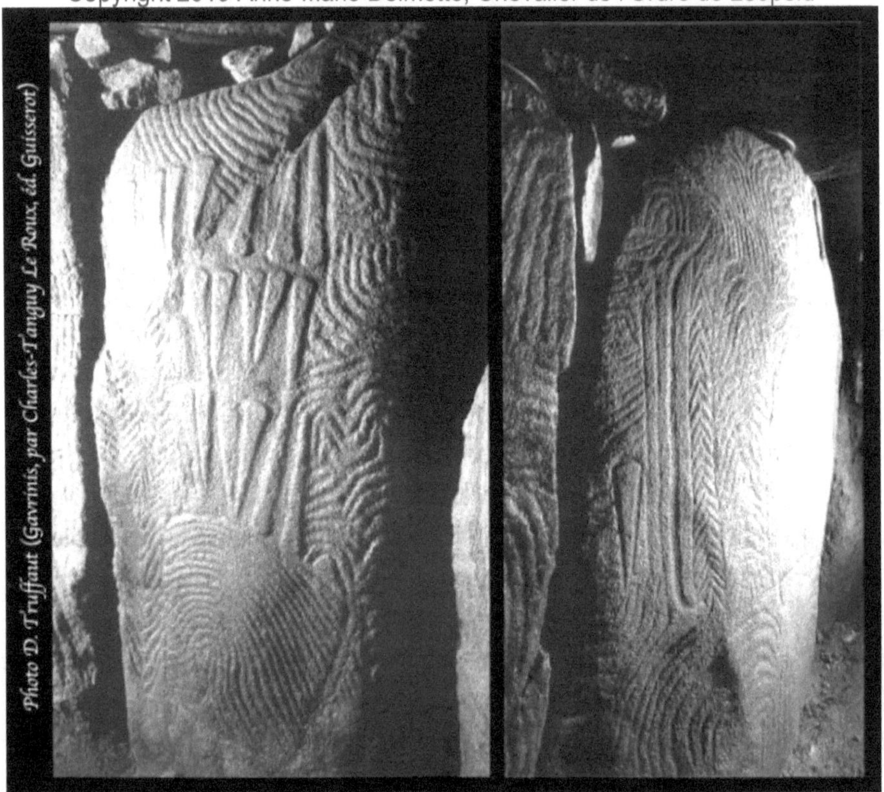

Photos: gravures dans le cairn* de Gavrinis – photo par D. Truffaut

Autres mesurages d'énergies ont révélés que le cairn* ne crée pas un écran de protection autour de son périmètre, les énergies négatives des réseaux de la terre* se trouvent donc dans le cairn ce que mes lectures ont également confirmées. Il s'agit d'une anomalie comme tous les autres cairns* que j'ai mesurés, ont cet écran de protection. Cela expliquerait aussi pourquoi j'ai trouvé un signal pour l'eau stagnante dans la chambre centrale. J'ai demandé la permission pour nettoyer ce signal que j'ai obtenu et que j'ai fait, mais pas sans avoir senti des frissons forts. Quelle sale énergie. J'ai demandé à tous ceux dans le cairn* pour s'assurer que le passage était dégagée pour que cette énergie négative sache sortir du cairn* par son entrée. Quelqu'un avait apporté un pendule et faisait la remarque que le cairn* n'avait pas de l'énergie cosmique. En effet, je n'ai pas trouvé un signal pour l'énergie cosmique, ni pour la synergie cosmo-tellurique. Si le cairn*a été construit à cet effet, je ne peux pas dire, mais j'ai trouvé des mesurages similaires, dont une absence d'énergie cosmique, à la basilique du sanctuaire de Knock en Irlande, qui est très connu comme lieu de pèlerinage pareil à celui de Lourdes. Cette basilique a, contraire du cairn* de Gavrinis, un écran de protection autour de son confinement.

Howard a donné une conférence de presque trois heures, plus tard dans la journée sur l'espace sacré et comment ceci est décrit dans la Bible. Il a parlé des dimensions et il a comparé ces dimensions et les angles concordants à ceux qu'il a trouvés aux alignements* de Carnac. Des similarités remarquables et à prendre en considération pour la création d'un «espace sacré», ce qui m'amène vers ce que je peux faire avec les quatre «Pierres Magiques», qui ont la puissance de former des énergies pareilles à celles du Quadrilatère* de Crucuno et de Manio. Je suis certaine que ma recherche et celle de Howard se touchent quelque part et ne pourraient qu'enrichir nos observations.

Howard organise un événement de trois jours dans le cadre des «Grandes Marées» où les marées sont à leurs niveaux les plus basses à la nouvelle lune ce temps de l'année, ce qui est proche de l'équinoxe de l'automne. Cela permet pour des visites de certains mégalithes* qui restent normalement sous le niveau de la mer. Je suis donc très heureuse d'être ici et de faire partie de tout cela. Certains participants de notre groupe ont même spontanément acheté mon livre en anglais. Beaucoup d'entre eux ont insistés pour que je fasse des versions francophones de mes livres.

9. MARÉE TRÈS BASSE LOCMARIAQUER VISITE GUIDÉE ET CONFÉRENCE

Aujourd'hui j'ai participé à une visite guidée avec Howard à nouveau, cette fois ci à voir des menhirs* qui ne sont qu'accessibles que lorsque la marée est très basse comme maintenant avec la nouvelle lune, proche de l'équinoxe quand le soleil est le plus proche de la terre. Nous sommes allés voir un menhir* tombé qui est normalement sous le niveau de la mer. Howard l'appelle le menhir* Obelz après la personne qui l'a découvert, une personne locale et un passionné des mégalithes*.

Photo du menhir* Obelz

Le menhir* a 6 mètres de longueur, est en orthogneiss qui avait été apportée ici, et est tombé. Il est, toutefois encore en bon fonctionnement et même les pierres en quartz blanc qu'on voit près du menhir* fonctionnent également. Elles aussi transforment l'énergie en énergies bénéfiques comme l'énergie vitale/force de vie*, l'orgone* et le tachyon*. Le menhir* Obelz donne un signal pour le nombre d'or*, mais pas les pierres en quartz blanc.

Après, on a fait une bien belle promenade le long de la côte pour voir un autre menhir* tombé qui est aussi en orthogneiss. Nous avons eu la possibilité de l'approcher, mais cela voulait dire qu'on devrait marcher pieds nus dans la vase. J'ai opté pour rester sur place puisque j'étais assez proche du menhir* pour le mesurer. Ce menhir*, qui s'appelle Mein er Mere (= Breton pour menhir en mer), lui aussi, fonctionne.

La plupart du groupe est allée au Pôle Menhir* à Plouharnel près de Carnac, pour la conférence de Howard sur les alignements* des menhirs* qu'on venait de voir. C'est incroyable à quel degré de précision géométrique ces menhirs* ont été mis en place. Ils font certainement partie d'un réseau géométrique spécifique composé de rectangles, carrés et triangles. Vous devez écouter les conférences de Howard vous-même car elles sont tellement élaborées et très intéressantes que je ne sais pas lui donner la reconnaissance qu'il mérite d'en écrire dans ce livre.

Quelque chose que j'ai bien retenu de la conférence c'est que Howard remarquait que lorsque vous regardez le lever du soleil au solstice d'hiver du tumulus Saint-Michel, le soleil se lève exactement entre les deux collines de l'Île de Méaban. Il a mentionné que l'axe de la terre est actuellement positionné au milieu de ses extrêmes. Le soleil se levait un peu vers la gauche de l'Île de Méaban à l'époque que les mégalithes* ont été construits, qui fait que Howard lui-même pose la question si cela a était fait exprès. Il a également fait référence aux mégalithes* où le soleil rentre maintenant dans un cairn* comme c'était destiné pour cette période dans le temps.

Je me demande si cela a été fait pour que la vibration soit considérablement élevée partout où il y a encore mégalithes* à l'heure actuelle avec des alignements* au soleil ou lune et à quel but. Cette ère a-t-il besoin de beaucoup plus d'énergies bénéfiques étant emportées sur les lignes Ley et les courants d'eau dans la terre?

10. VISITE GUIDÉE SAINT PIERRE QUIBERON ET CONFÉRENCE

Ce matin, nous nous sommes retrouvés comme les autres jours à Plouharnel, pour faire du covoiturage vers notre destination, Saint Pierre Quiberon, pour notre visite guidée avec Howard. Notre premier mégalithe* très bien préservé est le demi-cercle magnifique appelé le cromlech* de Kerbourgnec. Enfin un demi-cercle de menhirs* que je sais mieux mesurer (cfr. Crucuny dont la partie intérieure est entièrement prise par le jardin d'une maison). Les menhirs* donnent un signal pour la transformation, l'énergie vitale/force de vie*, l'orgone*, le tachyon*, l'énergie sacrée et divine.

Photo: le cromlech* ou demi-cercle de Kerbourgnec ou Saint Pierre Quiberon

Les menhirs* que j'ai mesurés attirent 12 lignes énergétiques du réseau Hartmann et du réseau Curry. Je n'ai que mesurer quelques-uns car je voulais écouter notre guide, Howard, une opportunité qui ne se pose certainement pas tous les jours. Ensuite, nous sommes partis pour voir les menhirs* qui forment les alignements* de Quiberon. Howard nous a dit qu'une enquête a révélée que ces alignements* composée de 20-22 rangées de menhirs* (ceux à Carnac ont seulement 10 rangées) s'étendaient sur une longueur de 1 kilomètre.

Photo: les alignements* de Kerbourgnec ou Saint Pierre Quiberon qui sont sur terre

La plupart des alignements* de Kerbourgnec sont maintenant sous le niveau de la mer, et comme nous avions encore une marée très basse aujourd'hui, nous avons fait une belle promenade vers ces mégalithes qui sont normalement immergés* et qui sont, bien sûr, tombés parce que la mer a enlevé le sol qui les tenait debout. Mes mesurages d'énergies ont révélés qu'ils fonctionnent toujours.

Certains membres du groupe ont commencés à ramasser des huîtres des menhirs*. Ils sont délicieux et ont une vibration extrêmement élevée, 17000 unités sur l'échelle de Bovis* pour être exact.

On voit pas mal de gens ici qui viennent pour prendre les huîtres et pour essayer de capter les gros poissons qui se trouvent sous les menhirs*.

Photos: menhirs* de Kerbourgnec ou Saint Pierre Quiberon qui sont normalement sous le niveau de la mer et des gens qui sont en train d'enlever des huitres du menhir*

Dans l'après-midi, Howard a donné une conférence sur les alignements* de Quiberon et a également montré qu'il existe un alignement Nord-Sud* qui s'étend jusqu'aux Îles Orkney. La conférence a été très intéressante et riche, et c'est tellement incroyable que les mégalithes* ont été érigés à des endroits avec une énorme précision. Les calculs proposés par Howard peuvent aussi prédire où des menhirs* et d'autres mégalithes* peuvent être trouvés.

Je lui ai demandé après la multitude du nombre 6 que je mesure aux menhirs* et aux alignements* des menhirs*, en ce sens qu'ils attirent des multitudes de 6 de lignes énergétiques des réseaux de la terre* (voir mes conclusions antérieures) comme 6, 12, 60, 90, 120. Howard remarque que le numéro 6 est un nombre qui correspond au temps et au degré, un système qui a été utilisé avant que nous ayons introduit le système décimal (dix au lieu de douze). 60 secondes, 60 minutes, 360 degrés, ...

C'était le dernier jour des visites et des conférences dans le cadre des "Grandes Marées". J'ai appris tellement de choses au cours de ces trois derniers jours et j'ai vu des mégalithes* où normalement personne ne pensait en chercher. Une expérience très enrichissante. J'ai fait connaissance de tellement de gens sympathiques avec qui j'ai promis de rester en contact. Aussi, je suis agréablement surprise de combien de personnes sont intéressées par les recherches de Howard et par les miennes sur l'énergie que je mène avec l'antenne de Lecher*.

Je change d'accommodation demain, mais je reviendrai peut être ici plus tard dans le mois car je cherche à prolonger mon séjour à Carnac, parce que je veux vraiment offrir des résultats dans ce livre qui sont le fruit d'une recherche de qualité. Je vais à Arzon demain, qui est de l'autre côté de la baie du Morbihan et environ une heure de route de Carnac. Il y a qu'une courte distance entre d'où je suis et là-bas, mais tout est maintenant sous l'eau où autrefois il y avait des terres et on doit aller tout autour pour s'y rendre. Cette partie de la baie a aussi une multitude de mégalithes* à admirer et à mesurer.

11. DOLMENS DE MANE BRAZ PRÈS DE CARNAC – ARZON PRESQU'ÎLE DE RHUYS

Aujourd'hui, je me rends à Arzon sur la presqu'île de Rhuys. Mon hôte AirBnB à Carnac voulait que je parte, soit assez tôt ou soit à 13 heures, j'ai opté pour 13 heures car cela me permet de préparer mes bagages, et j'en ai pour une voiture tout plein, à l'aise.

11.1. DOLMENS MANE BRAZ

J'ai profité de la matinée pour rendre une visite courte aux dolmens de Mane Braz près d'Erdeven. J'ai fait quelques mesurages d'énergies qui ont confirmé qu'ils transforment aussi l'énergie en énergie vitale/force de vie*, l'orgone* et le tachyon*. Je n'ai pas eu le temps de vérifier les réseaux de la terre ou à rechercher des énergies négatives comme des failles, l'eau courante,... . Je reviens à Carnac la semaine prochaine et je vais certainement revenir ici, j'ai vu qu'il y a un sentier mégalithique qui mène à d'autres menhirs* et aux alignements* de Kerzerho et c'est une belle promenade à travers une forêt.

Photo: à l'intérieur d'un des dolmens* de Mane Braz

Le temps est toujours le même, chaud et que du soleil, aussi pour les 10 prochains jours. Je suis prête à partir et en attente de mon hôte pour lui rendre les clés de ce studio calme et agréable près de la plage de Saint Colomban. Ils ont un chat très sympa qui s'appelle Plume et qui venait à ma porte pour des caresses quand mon hôte et sa famille étaient absents.

11.2. ARZON – PRESQU'ÎLE DE RHUYS

Je suis maintenant à Arzon dans une petite maison pittoresque. Deux fois j'ai vu une buse qui volait sur mon chemin ici.

Je suis en train d'étudier tous les livres que j'ai achetés sur la région à la recherche de ce que je dois encore aller mesurer quand je retourne à Carnac, et quels beautés mégalithiques que je peux visiter et mesurer dans la région d'Arzon. Il n'y a aucun alignement* dans cette partie de la baie du Morbihan. Mais tout cela est pour les prochains jours. Une promenade sur la plage me fera beaucoup du bien.

Je viens de faire une belle promenade sur la plage et dans les dunes et à travers une forêt qui amène au cairn* du Petit Mont où j'ai fait une réservation pour demain.

12. ARZON – TUMULUS DE TUMIAC – CAIRN PETIT MONT

12.1. TUMULUS DE TUMIAC

Le tumulus* de Tumiac, également connu sous le nom butte de César car, selon la légende, il aurait servi d'observatoire à Jules César en 56 ans avant Jésus-Christ. C'est un monument mégalithique du néolithique* datant d'autour du 5e millénaire avant Jésus-Christ. La butte a un diamètre de 86 mètres et une hauteur de 20 mètres. Il contient une chambre à l'intérieur qui est de 4,40 mètres de long. Le monument a dû être fermé au public en raison de la dégradation causée par les visiteurs.

Photo: tumulus* de Tumiac

Il y a plusieurs chemins menant au sommet du tumulus*. Des mesurages d'énergies indiquent la présence de transformation de l'énergie en énergie vitale/force de vie*, tachyon* et orgone*. L'énergie sacrée et divine sont également présentes. Il n'y a pas de réseaux de la terre* au sommet du tumulus, et les lignes de ceux-ci sont accumulées juste à l'extérieur du tumulus* ce qui signifie qu'un écran de protection est en place, qui fait que les énergies négatives des réseaux de la terre sont déplacées vers l'extérieur du confinement du tumulus*. J'ai mesuré 360000 unités Bovis sur le sommet, une vibration bien haut.

Les lectures que j'ai réussi à faire autour du tumulus* ont révélées 2 signaux pour une faille géologique. J'ai aussi trouvé 4 signaux pour de l'eau courante dont les signaux négatifs sont complètement neutralisés par les tumulus*. Les signaux de l'eau courante viennent du tumulus qui signifie que le tumulus* est sur une source d'eau.

12.2.　　CAIRN PETIT MONT

Je suis ensuite allé visiter le cairn* du Petit Mont. Le cairn* du Petit Mont fut érigé sur plusieurs siècles entre 4600 et 2700 ans avant Jésus Christ; un tertre et trois cairns* sont successivement construits au même endroit, les uns sur les autres, pendant 2000 ans. Ce monument se trouve sur le mur Atlantique et un bunker a été ajouté au monument sous l'occupation allemande. Cette construction a détruit un des dolmens et le passage à un autre dolmen. Le monument a entièrement été restauré en 1989.

Photo: cairn* du Petit Mont

Deux chambres centrales peuvent être visitées, dont la plupart des orthostates montrent des gravures particulières et certains ont des cupules. Des mesurages d'énergies des deux chambres révèlent qu'elles fonctionnent toujours bien. Ici, les chambres ont une énergie cosmique indiquant que le cairn* de Gavrinis est une exception à cette règle. Les lignes des réseaux de la terre* sont accumulées juste à l'extérieur du confinement du cairn, aussi contraire à ce que j'ai trouvé à Gavrinis.

Il y a 2 signaux pour des courants d'eau qui ne peuvent qu'être trouvés avec une énergie positive qui indique que le cairn* a complètement neutralisé les signaux d'énergie négative et que le cairn* est sur une source d'eau. Il n'y a aucun ligne Ley Delmotte 16,4* venant du cairn* ce qui signifie que c'est une structure unique, aucune autre structure du même type n'existe. J'ai trouvé que le cairn* a une vibration de 475000 d'unités Bovis. Curieusement, il y a un petit tas juste à côté du cairn*, à côté d'un grand arbre beau, qui rayonne 781000 unités Bovis! Le personnel au centre d'accueil m'a dit qu'un canon est enterré sous ce tas!

13.   ARZON – LE MENHIR* DE KERMAILLARD

Aujourd'hui je suis allée pour voir le menhir* de Kermaillard qui est très spécial d'après les conférences que j'ai récemment assisté.

Photo: le menhir* de Kermaillard

Le côté est du menhir* a une gravure d'un carré qui a un croissant de lune attaché à un de ses coins.

Photo: gravure: carré et croissant de lune

Howard Crowhurst, des visites guidées et conférences que je viens d'assister, a découvert le suivant: l'axe du couloir de la chambre centrale du cairn* de Gavrinis correspond exactement au lever au lunistice (= déclinaison australe maximale) qui se produit seulement chaque 18,6 années. Le prochain sera en avril 2025. Seulement au cours de ces lunistices la lumière de la lune illumine l'orthostate à l'arrière droite de la chambre centrale dans le cairn de Gavrinis*. Howard a cherché des mégalithes* qui sont sur cet alignement et ceci est le cas pour le menhir* de Kermaillard. Les gravures le confirment! Si ceci n'est pas avoir une connaissance très précise des différentes disciplines, que je ne sais pas ce qui est et ceci était calculé au moins 3500 ans avant Jésus Christ! Des mesurages d'énergies, révèlent que ce menhir* est en bon fonctionnement et est même très puissant. Il a la capacité d'attirer 90 lignes d'énergie des différents réseaux de la terre*. Le menhir* a de l'énergie divine et sacrée et transforme les énergies négatives des réseaux de la terre* en énergies positives et bénéfiques comme l'énergie vitale/force de vie*, l'orgone* et le tachyon*. Il n'y a pas de signal pour la ligne Ley Delmotte 16,4* ce qui signifie que cette structure est unique et qu'il n'y a aucune structure du même type n'importe où dans le monde.

J'ai décidé de prendre quelques heures de détente et de prendre un bain de soleil, bien c'était que plus ou moins de détente parce que je ne pouvais pas m'en faire de chercher après des «Pierres Magiques», cette fois ci sur la plage d'Arzon. J'ai trouvé deux types différents de pierres qui pourrait fonctionner: une sorte de marbre blanc et des pierres avec du mica noir ou biotite.

Les deux types de pierres fonctionnent bien, après de les avoir mis dans chaque coin de la maison dont le jardin inclus, ils créent un écran de protection et déplacent toutes les énergies négatives que je connais, juste à l'extérieur où ils sont et forment un ensemble d'énergies positives dans chaque pièce de la maison y compris le couloir. La configuration d'énergie créée par les «Pierres Magiques» est similaire à celles des Quadrilatères* de Crucuno et de Manio et à ceux de ma maison en Irlande.

Les pierres en marble blanc créent un centre énergétique qui se trouve à un endroit tout à fait différent que celles avec le mica noir. Tous les deux types créent une vibration de 16000-17000 unités Bovis. J'ai ensuite ajouté une plus grande pierre blanche au milieu de ma configuration, et cela augmentait la vibration jusqu'à 27000-28000 unités Bovis. J'ai enlevé cette grande pierre blanche parce je trouvais que l'énergie était trop fort.

14. DOLMEN DE BILGROIX ET DOLMEN DU GRAH NIOL

14.1. DOLMEN DE BILGROIX

Encore une belle journée chaude et pleine de soleil aujourd'hui. On pourrait penser qu'il n'y a pas de fin à cet été. Le premier monument que j'ai visité aujourd'hui est le dolmen* de Bilgroix que je n'ai pas trouvé tout de suite. C'est en fait juste avant qu'on arrive à la Pointe de Bilgroix. J'ai dû demander à quelques personnes après sa localisation. Quelqu'un m'a dit qu'il y a un menhir* où se trouve la Pointe, mais celui-là était en fait une magnifique statue de Notre Dame appelée ANNA MAM MARI. J'ai mesuré ses énergies et j'ai trouvé un signal pour l'énergie sacrée et l'énergie tellurique (de la terre). Aucun autre signal, non plus pour le nombre d'or*. Après avoir parlé à quelques autres personnes, j'ai découvert que j'avais passé le dolmen* sur mon chemin vers la Pointe. J'y suis retournée et il n'a pas fallu longtemps pour que je le trouve. Une structure bien impressionnante. Son appellation exacte est allée couverte* qui date d'environ 2500-2000 ans avant Jésus Christ. C'est un nouveau type de style architectural de la fin de la période mégalithique. Les parois supportant les dalles de couverture sont construites en pierre sèche. Seulement une dalle de couverture est toujours présente. Cette construction est le seul du genre en Bretagne et est d'origine de la péninsule ibérique. En effet, je n'ai pas trouvé une ligne Ley Delmotte 16,4* ce qui signifie que c'est la seule structure de ce type qui reste.

Photo: dolmen* de Bilgroix vu de son entrée

L'intérieur du dolmen, montre un réseau de l'énergie sacrée avec des lignes qui s'écartent de plus ou moins 3 pas. J'ai trouvé un signal provenant de l'intérieur de la structure pour l'énergie divine et sacrée. J'ai aussi trouvé un signal pour la transformation, l'énergie vitale/force de vie*, le tachyon* et l'orgone*. Les lignes des réseaux de la terre* sont accumulées juste en dehors du confinement de la structure, ce qui signifie qu'un écran de protection est en place. Je n'ai pas trouvé un signal pour des failles, mais j'ai trouvé un signal pour une eau courante qui coule sous la structure en recherchant avec un taux d'énergie positive. Le signal négatif pour le courant d'eau est complètement neutralisé par le dolmen*.

14.2.   DOLMEN DU GRAH NIOL

L'allée couverte du Grah Niol est un dolmen* qui a un petit cabinet latéral. Plusieurs pilliers portent des gravures. La pierre à l'entrée servait comme dalle de couverture au départ.

Photo: dolmen* du Grah Niol

Des mesurages d'énergie révèlent que les dalles, y compris celle debout à l'entrée ont un signal pour l'énergie divine et sacrée et le nombre d'or*. Ils donnent également un signal pour transformation. Des mesurages du périmètre révèlent un signal pour une faille, mais pas de signal pour des courants d'eau. L'énergie négative de la faille est transformée en énergie positive comme l'énergie vitale/force de vie*, l'orgone* et le tachyon*.

Cette structure ne montre également aucun signal pour la ligne Ley Delmotte 16,4* indiquant son unicité. Les gravures sont tout à fait uniques: des représentations des signes U, haches, formes serpentines, …

Je quitte Arzon demain matin. En rétrospective sur un peu plus de 3 jours et demi ici, je dirais que c'est un endroit agréable et calme qui m'a permis de ralentir mon rythme de travail. Il m'a aussi permis un moment pour tout simplement profiter du temps et des paysages comme il y a moins de mégalithes* ici que dans la région de Carnac. Les mégalithes* ici sont différentes, plus particulières, qui font qu'ils sont plutôt uniques, et les dolmens* sont comme ceux qu'on trouve en Espagne.

Arzon m'a donné l'espace et le temps de commencer à assembler mon livre et de chercher après mes meilleures photos, et j'en ai fait beaucoup, que je veux mettre dans mon livre.

J'ai aussi réussi à prolonger mon séjour à Carnac considérablement au cas où j'ai besoin de revenir en arrière et de revérifier certaines énergies et d'avoir le temps pour également rechercher des informations archéologiques et/ou géologiques.

15. PLAGE DE CARNAC ET TUMULUS SAINT-MICHEL

Je suis maintenant de retour à Carnac et installée dans un duplex en centre-ville, les lacs salés et toutes commodités. Il y a pas mal d'escaliers à gravir pour arriver à l'appartement et cela avec le bagage que j'ai! Je suis assez chargée car je devais aussi amener une couette, un coussin, des serviettes, ... C'est du boulot! Après avoir tout déballé, je suis allée pour une promenade sur la plage de Carnac où j'ai remarqué un certain nombre de larges pierres qui pourraient être des menhirs*. J'ai décidé de mesurer leurs énergies, mais je n'ai pas trouvé un signal pour transformation ou des énergies bénéfiques. Bien que j'ai quand même trouvé un signal pour le nombre d'or*. Je me demande si ces pierres ont été préparées pour faire partie d'un alignement*, mais qu'elles n'ont jamais été utilisées. Cela signifie également qu'elles auraient besoin d'être activées en quelque sorte. Apparemment, la présence des menhirs* qui fonctionnent dans la proximité ne suffit pas. Ou, peut-être, les autres menhirs* ne sont pas assez proches. Il est très probable que mon antenne de Lecher* serait capable de les activer, mais je ne suis certainement pas quelqu'un qui a des intentions à manipuler des monuments anciens. Toute modification d'un mégalithe* pouvait provoquer une réaction en chaîne, car ils semblent faire partie d'un réseau de pierres beaucoup plus grand, qui pourrait même être globale.

Je suis arrivée au tumulus* Saint-Michel où j'avais finalement assez de temps pour pouvoir faire des lectures d'énergies. C'est une colline artificielle qui domine l'ensemble de la région de Carnac et sur son sommet il y a une chapelle qui date du 17e siècle.

Photo: Tumulus* Saint-Michel

Des mesurages d''énergies ont révélés que l'énergie se transforme ici en énergies bénéfiques comme énergie vitale/force de vie*, le tachyon* et l'orgone*. Le site a de l'énergie sacrée et divine, mais comme le cairn* de Gavrinis, elle n'a pas de l'énergie cosmique, et donc pas de synergie cosmo-tellurique non plus, et donc pas de synergie vibratoire. Hmm, cela me fait penser, une chapelle sur le sommet, l'Île de Gavrinis qui était habitée par des moines et la basilique de Knock en Irlande, un lieu de pèlerinage, qui n'ont pas d'énergie cosmique. Une coïncidence ou le hasard?

Le périmètre autour du tumulus* ne montre aucun signal pour des failles et le signal pour des lignes Ley Delmotte 16,4* entre deux structures du même type sont également absentes indiquant qui le site est unique. Il y a deux signaux pour l'eau courante qui viennent du tumulus que j'ai trouvé avec le signal pour une énergie bénéfique qui indiquerait que le tumulus* se trouve sur une source d'eau et que le tumulus* a complètement neutralisé le signal négatif de l'eau.

16.   LES MÉGALITHES DE LOCMARIAQUER

Premier arrêt aujourd'hui était le centre des visiteurs du site mégalithique de Locmariaquer, mais il fermait justement pour le déjeuner, j'ai alors décidé de voir un autre site d'abord qui est ouvert au public tel quel et qui s'appelle les Pierres Plates.

16.1.   LES PIERRES PLATES

Les Pierres Plates est une allée couverte* qui se trouve au bord de la mer. L'allée couverte* est de 26 mètres de long et en granit. Le site se composait de 70 dalles dont 50 restent aujourd'hui. Quelques orthostates montrent de belles gravures. Il y a un menhir* à l'entrée.

Ici aussi, toutes les énergies sont en place et il y a la transformation d'un courant d'eau (trouvé par son signal d'énergie positive) qui coule sous cet énorme dolmen. Il n'y a aucun signal pour la ligne Ley Delmotte 16,4* ce qui signifie que la structure est unique.

Photo: dalle gravée Pierres Plates

Photo: allée couverte* Pierres Plates et l'Île de Méaban sur la droite

Je suis allée dans le couloir qui a 25 mètres de longueur où j'ai admiré les gravures. Il y a un menhir juste avant la fin du couloir et j'ai allumé accidentellement le mode vidéo sur mon téléphone qui était en mode HD après avoir tenté de prendre de bonnes photos de la gravure du carré et le croissant de lune sur le menhir* de Kermaillard hier.

Sur l'écran de mon téléphone, j'ai remarqué qu'il y avait des petites étincelles qui volaient dans un mode assez harmonieux, mais aléatoire. Une dame française qui venait d'entrer dans le dolmen, appelée Arlette les voyait aussi. C'était comme notre propre petit spectacle privé de lumière. Incroyable. Peut-être qu'ils sont justes des photons qui viennent des particules de poussière. C'était vraiment beau et relaxant à regarder. Un moment de détente. Après avoir eu une conversation agréable avec Arlette et son mari, je suis retournée vers le centre mégalithique de Locmariaquer.

16.2. LE GRAND MENHIR BRISÉ – TABLE DES MARCHANDS - TUMULUS ER GRAH

Je suis retournée au site mégalithique de Locmariaquer où j'ai d'abord regardé une vidéo informative et ensuite mesurer le Grand Menhir* Brisé. Le Grand Menhir* Brisé est le plus grand menhir* en Europe de l'ouest et a une hauteur de 20,50 mètres.

Il se trouve maintenant sur le terrain en quatre morceaux, la base étant tombée dans une seule direction et les trois parties supérieures dans une autre. Les fragments du Grand Menhir* Brisé ensemble, pèsent environ 340 tonnes. Il est fait de granite à grains de quartz, de l'orthogneiss. Il est suggéré qu'un tremblement de terre de 9,1 sur l'échelle de Richter pourrait avoir tordu la base. L'orthogneiss n'est pas local, il doit avoir été transporté sur au moins 12 kilomètres. Très probablement, il a été transporté sur la rivière Vannes.

Le site mégalithique de Carrowmore à Sligo en Irlande est composé de gneiss qui a été laissé là par le glacier. Au site mégalithique de Carrowkeel près de Sligo, il est dit que du gneiss a été apporté des montagnes voisines, les montagnes Ox, pour contribuer à la construction des cairns* du site. Gneiss doit donc être un bon matériel pour la construction des sites mégalithiques pour les faire fonctionner énergétiquement. Mica semble aussi d'être un facteur commun. J'ai observé que le mica fait partie de la composition des pierres utilisées de tous les sites mégalithiques de lesquels j'ai fait des recherches jusqu'à présent. Mica est aussi ce que je cherche principalement lors de la sélection des «Pierres Magiques» destiné à décaler les énergies dans ma maison ou dans des lieux où je réside. Le mica est connu pour être diélectrique.

Photo: le Grand Menhir* Brisé

Le Grand Menhir* Brisé a un signal pour transformation et le nombre d'or* mais pas pour l'énergie vitale/force de vie*, ni pour le tachyon* et pas pour l'orgone* non plus. Les réseaux de la terre* autour du menhir* étaient normaux, une indication que le menhir* ne fonctionne pas ou plutôt plus. J'ai trouvé un signal pour une faille géologique où le menhir* était avant qu'il soit tombé qui pourrait confirmer la théorie que le menhir* était tombé et brisé en raison d'un tremblement de terre.

Ensuite, je suis allée pour voir le cairn* dans lequel se trouve le dolmen* de la Table des Marchands qui est situé à environ 50 mètres au nord-est du Grand Menhir* Brisé et qui est couverte par un cairn*, reconstruit en 1991. Les plus anciennes images montrent le dolmen qui est couvert par une dalle en orthogneiss, soutenu à trois points par des orthostates. À l'intérieur de la chambre le plafond se trouve à environ de 2,7 mètres de haut. Une pierre blanche verticale avec des gravures uniques constitue le pilier au fin.

Ce dolmen* fonctionne et pour autant que j'aie pu mesurer, a trois signaux pour l'eau courante provenant de la structure. Ces 3 signaux ont été mesurés avec le signal transformé d'énergie positive, mais il y a toujours un signal pour l'énergie négative aussi. Mon expérience en

Irlande me dit que, lorsque vous suivez ces courant d'eau venant du cairn* qui ont toujours de l'énergie négative, vous trouverez très probablement un autre petit dolmen satellite qui neutralise le restant du signal négatif.

Il y a aussi un tumulus* sur le site appelé Er Grah. Il présente dans son état actuel un immense trapèze de 140 mètres de long et 16 mètres de large à son extrémité nord et 26 mètres à son extrémité sud. Les fouilles ont montré que ce monument a été le résultat d'une histoire longue et complexe. Ce tumulus* fonctionne également et transforme les énergies. J'ai trouvé 5 signaux pour l'eau provenant de cette structure trouvé également sur le signal positif et négatif, aussi une indication qu'il pourrait y avoir ou avoir eu des dolmens* satellites dans la proximité.

Les 5 et 3 signaux pour l'eau courante provenant d'Er Grah et de la Table des Marchands sont une indication qu'il y a une source majeure de l'eau sous les structures.

Je suis ensuite retournée vers le Grand Menhir* Brisé où je suis, à nouveau, tombée sur Arlette et son mari. Je leur ai dit que le menhir* ne fonctionnait plus. Ils m'ont écoutée très attentivement. Je leur ai parlé d'un dolmen* en Irlande qui a été mis sous une caisse métallique pour l'hiver et qui à cause de cela fonctionnait encore à peine. Nous avions également parlé du temps aride en Bretagne, ça faisait déjà bien longtemps qu'il n'y avait pas eu de pluie du tout dans la région de Carnac. L'herbe et quelques autres plantes semblaient mortes ou mourantes. Cet endroit pourrait être mieux avec un peu de pluie, même si j'apprécie cet été prolongé.

J'ai d'abord demandé l'autorisation à tous les niveaux si je pouvais intervenir, que j'ai obtenu, et j'ai ensuite redémarré le Grand Menhir de la même façon que j'ai fait avec le dolmen* en Irlande, c'est-à-dire en lui envoyant un peu d'énergie de transformation supplémentaire pour lequel le dolmen et le Grand Menhir* donnaient encore un signal faible, et à ma grande surprise, le Grand Menhir* a commencé à fonctionner. Chaque fragment du menhir* fonctionne comme un menhir distinct* (j'ai trouvé un résultat similaire avec un menhir* tombé et brisé en Irlande). Le Grand

Menhir* Brisé attire maintenant 30 lignes du réseau Hartmann et 18 lignes du réseau Curry. Ce chiffre pourrait encore monter puisque les signaux étaient un peu «hésitants et rouillés». Très peu de temps après mon intervention, le temps est couvert et les prévisions météo sont allées vers plusieurs jours de pluie, alors que ce matin les prévisions étaient du soleil pour les jours à venir! Les menhirs* produisent de l'orgone*, et l'orgone* est connu pour être utilisé pour faire pleuvoir dans le désert ou des endroits très arides. J'ai vérifié le signal de la faille géologique. La faille a également des signaux pour les énergies bénéfiques comme le tachyon*, l'énergie vitale/force de vie* et l'orgone*, ainsi que l'énergie sacrée et divine, qui sont transportées dans la failles à la terre environnante. Voilà, plus d'été. Eh bien, j'ai demandé la permission pour le bien supérieur.

En rétrospective de cette journée, je peux seulement dire: incroyable et époustouflant. Je pense souvent que ça ne peut pas devenir mieux et que j'ai tout vu et vécu. Eh bien, encore aujourd'hui, c'est bien la preuve que ce n'est pas le cas!

17.   LE PETIT MENEC –ENLEVER LA VOILE SUR LES ALIGNEMENTS

Je vais retourner aux alignements* du Petit Menec aujourd'hui pour voir si je peux encore mieux dénouer leurs énergies. Des mesurages antérieures confirment que les alignements* fonctionnent d'une façon similaire qu'un menhir* isolé en ce sens qu'ils attirent 6 ou une multitude de 6 lignes d'énergie des différents réseaux de la terre*. Un menhir* isolé se trouve sur une faille ou de l'eau quelconque. Mon but aujourd'hui est de savoir si le dernier est aussi le cas pour les alignements*. Une tâche peut être bien difficile comme il y a tellement des menhirs* et qu'il est bien probable que tous les signaux négatifs sont déjà convertis. Mais je vais essayer quand même. Celui qui n'essaye pas, ne trouve pas.

J'étais à la bibliothèque hier, à la recherche de cartes géologiques de la région sur laquelle je peux trouver les endroits où il y a des failles. Les cartes que j'ai trouvées confirment plus ou moins les failles que j'ai trouvées jusqu'à présent. Les cartes étaient toutefois pour la Bretagne en soi et pas très détaillées.

De retour au Petit Menec, j'ai commencé par la lecture d'une rangée de 6 menhirs*. J'ai trouvé un signal pour l'énergie négative de l'eau courante et trois autres signaux pour l'énergie vitale/force de vie*. Les quatre signaux coulent dans plus ou moins la même direction, 320 degrés sur la boussole.

Photo: la première rangée avec les 6 menhirs*que j'ai mesurés

J'ai ensuite mesuré une autre rangée de 30 menhirs* où j'ai également trouvé 4 signaux pour de l'énergie vitale/force de vie* qui coulent dans la même direction, 320 degrés sur la boussole.

J'ai aussi trouvé 1 signal pour une faille perpendiculaire à cette rangée et un autre signal pour une faille qui n'était peut-être que 4 mètres de long, qui croisait la première faille que j'avais trouvée, et qui est parallèle avec la rangée. Les failles transportent les signaux des énergies bénéfiques comme l'énergie sacrée et divine, mais aussi les énergies bénéfiques transformées comme le tachyon*, l'énergie vitale/force de vie* et l'orgone*.

Photo: deuxième rangée avec les 30 menhirs* que j'ai mesurés

J'ai vu qu'un couple d'Allemands m'observaient pour un bon moment et ils sont finalement venus me demander ce que je faisais. Je leur ai donné une explication dans mon meilleur allemand, mais ils comprenaient bien ce que je disais et pouvaient très bien suivre la logique de mes résultats. Les menhirs* nettoient la terre sur une certaine distance d'énergies négatives des réseaux de la terre* et utilisent ces énergies négatives pour les transformer en énergie vitale/force de vie*, l'orgone* et l'énergie tachyon*. Les énergies bénéfiques sont ensuite transportés par les courants d'eau, les lignes Ley Delmotte 16,4* et les failles, ainsi que l'énergie sacrée et divine pour fertiliser la terre pour avoir des meilleures récoltes. L'énergie tachyon* est une énergie primaire qui possède des pouvoirs de guérison car elle contient toutes les fréquences pour tout ce qui existe sur terre et peut se transformer en quoi que ce soit au moyen des SOEFS (subtle organising energy fields=champs d'organisation d'énergies subtiles). Après avoir eu une longue conversation avec le couple allemand, Karen et son mari, j'ai ensuite lu un autre ensemble de 12 menhirs*. Ceux-ci ont une autre direction que les deux premières rangées que j'ai mesurées.

Photo: troisième rangée avec les 12 menhirs* que j'ai mesurés

À la hauteur de ces 12 menhirs*, j'ai trouvé 4 signaux pour l'eau courante avec le signal de l'énergie vitale/force de vie*. Les courants d'eau vont dans une autre direction que les 2 autres rangées précédentes que j'ai vérifiées, 330 degrés sur la boussole. Les courants d'eau sont perpendiculaires à la direction des rangées de menhirs* dans les trois cas. On dirait que nous pourrions avoir des résultats qui semblent similaires au premier lieu, mais ceci reste à vérifier. Je vais certainement encore faire d'autres mesurages des alignements* à Carnac bientôt afin de confirmer ou pas.

J'ai ensuite vérifié tout le site du Petit Menec pour des failles et j'ai trouvé une autre faille où le site devient plus étroit, juste avant que le mur rétrécisse au bout du site. Cette faille est perpendiculaire aux rangées, aussi environ 330 degrés sur la boussole. La faille porte également les signaux d'énergies bénéfiques comme l'énergie sacrée et divine, mais aussi les énergies bénéfiques transformées comme le tachyon*, l'énergie vitale/force de vie* et l'orgone*.

Je me suis ensuite payée un repas délicieux au restaurant La Côte, qui se trouve sur la route des alignements. Ils m'ont reconnus de la semaine dernière. Des gens très sympathiques et la nourriture est délicieuse et bien présentée. Et c'est très agréable de pouvoir manger dans leur jardin qui est très beau.

Ensuite, je suis encore une fois allée visiter le Géant et le Quadrilatère* de Manio et j'ai remarqué que trois buses survolaient le site. Vous pouvez trouver les résultats de mes lectures d'énergies ici en point 5 dans ce livre. Mon genou me faisait mal et je l'ai mis contre le Géant pendant quelques minutes. J'ai senti des frémissements dans mon genou et la douleur a disparu après cela. J'ai ensuite pris un peu de temps juste pour me détendre au site et profiter des énergies.

18. ROCHE AUX FÉES PRÈS D'ESSÉ

J'ai déménagé vers une chambre d'hôtel à Rennes ce matin parce que je voulais être plus proche de la Belgique, d'où je suis, mais c'était avant que j'aie décidé de prolonger mon séjour à Carnac. Alors maintenant je serai à Rennes pour deux nuits et puis je retourne au «Paradis Mégalithique», Carnac.

J'ai choisi Rennes car c'est proche de la Roche aux Fées. Le tombeau est le plus célèbre et le plus grand dolmen* du néolithique* en Bretagne. Il s'agit d'un passage couvert qui est composé de blocs de pierre, avec des dalles sur eux. Il mesure environ 20 mètres de long et il y a environ 48 blocs, dont le plus lourd pèse environ 45 tonnes.
L'intérieur est divisé en deux chambres séparées. L'entrée est alignée avec le lever du soleil au solstice d'hiver.

Photo: moi-même à côté de la Roche aux Fées

La structure originale aurait été couverte avec un monticule de pierres et de terre. On pense à ce jour qu'il date d'entre 3000 et 2500 ans avant Jésus Christ. Son nom vient de la légende qu'une fée a apporté les pierres là dans son tablier.

Photo: dolmen* Roche aux Fées

Une histoire très similaire à une légende que les archéologues racontent au complexe mégalithique Carrowmore à Sligo Irlande. À Sligo on parle de la Cailleach, la sorcière qui a laissé tomber les pierres de son tablier quand elle volait au-dessus de la péninsule de Cull Ira. Selon les archéologues la Cailleach est la personnification pour le glacier qui y a laissé les pierres.

Le monument est en effet très grand et en schiste rouge. Aspect de la pierre est très similaire à ceux des menhirs* de Monteneuf que j'ai visités plus tôt (voir point 4.). Des mesurages d'énergies ont révélés que ce très grand dolmen* transforme les énergies en énergie vitale/force de vie*, l'orgone* et le tachyon*. Énergie sacrée et divine sont également présentes sur le site.

Il n'y a pas de signaux pour l'eau courante. Certains des marronniers qui se trouvent autour du dolmen* montrent des ruptures de l'écorce et l'arbre juste à côté de l'entrée du dolmen* sur la droite avait également une rupture de l'écorce bien prononcée et ses racines montraient plusieurs tumeurs. J'ai trouvé deux signaux pour des failles géologiques autour de cet arbre et deux pour les failles géologiques au niveau du dolmen*. Toutes les failles montrent un signal pour l'énergie vitale/force de vie*, l'énergie sacrée, divine et tachyon* et l'orgone* ce qui signifie que ces énergies bénéfiques produites par le dolmen* sont transportées dans la faille.

J'ai rencontré un couple de Suisses qui parlaient allemand, encore une occasion pour pratiquer la langue. La femme était en fait japonaise et elle m'a dit qu'au Japon des sanctuaires sont mis sur les lieux avec de l'activité sismique. Il n'y a pas de lignes des réseaux de la terre* dans le dolmen. Celles-ci sont accumulées juste en dehors du dolmen* qui indique qu'un écran de protection est en place. Il y a un réseau d'énergie sacrée à l'intérieur du dolmen* et la vibration à l'intérieur est de 421000 unités Bovis*.

J'ai également eu une conversation agréable avec une compagnie de trois personnes, deux dames et un homme français qui sont des grands amoureux d'arbres. Je suis retournée au centre d'accueil avec eux, mais ils remarquaient encore d'autres arbres anormaux ce qui fait que j'ai encore cherché et trouvé un autre signal pour une faille géologique. J'ai senti quelques frissons à certains endroits et j'ai décidé de retourner au site pour faire des recherches supplémentaires.

J'ai mesuré que lorsque je m'éloignais de l'entrée vers 110 degrés sur la boussole que je trouvais des signaux pour des failles chaque 5 pas. Dans l'autre sens, qui est de 20 degrés, j'ai trouvé des signaux pour des failles à chaque centimètre!!! L'antenne de Lecher* n'arrêtait plus de bouger. Cela semble être un réseau principal des lignes de failles ou les signaux pourraient être des signaux spirales d'une ligne de faille majeure!!

Pas étonnant que le plus grand dolmen* en Bretagne a été mis ici!!

19. FORÊT DE BROCÉLIANDE

Aujourd'hui, était un jour très différent. Il avait plu toute la nuit et il faisait très froid au matin. Je suis allée visiter la forêt de Brocéliande. C'est un très grand domaine avec des endroits d'intérêt à visiter dispersés partout dans la forêt qui englobe plusieurs villes. J'ai commencé avec une visite du tombeau de Merlin qui est un dolmen* qui a malheureusement été dynamité lorsque certaines personnes étaient à la recherche de trésors.

Il ne restait pas beaucoup du dolmen*, mais certaines énergies étaient toujours là, néanmoins. Pas de signal pour transformation et non plus pour l'énergie divine ou sacrée. Mes mesurages ont révélé que le dolmen se trouve sur une source d'eau qui, selon les habitants, coule vers la Fontaine de Jouvence qui se trouve à proximité, et il serait donc bien que le dolmen* soit activé.

Photo: tombeau de Merlin

J'ai rencontré un groupe de personnes guidé par une dame qui s'appelle Morrigan et non elle n'est pas irlandaise, elle a juste un nom irlandais et adore visiter Sligo, mon pied à terre en Irlande. Elle vit localement à Paimpont et vient souvent ici. Je lui ai demandé ce qu'étaient ses pensées sur l'activation du dolmen* car j'avais la permission à tous les niveaux de le faire même si je sentais qu'il y avait quelque chose. Morrigan a dit qu'il serait préférable de le laisser pour l'instant puisque le site avait souffert beaucoup à cause de visiteurs irrespectueux. Nous avons discuté sur l'importance que les sites soient honorés car ils perdent leurs énergies si pas le cas. Après notre discussion, j'ai remarqué que le site maintenant émanait de l'énergie sacrée et divine!

Je suis ensuite allée voir la Fontaine de Jouvence et j'ai trouvé que l'eau a un équilibre parfait comme l'eau du Source Sacrée à Sligo et la Source d'Orgula à Rathcroghan, toutes les deux en Irlande. Il n'y a pas, toutefois, les énergies bénéfiques, qui devraient être produites par le tombeau de Merlin, parce que ce dernier était inactif.

Puis je suis allée à Paimpont, où j'ai acheté des pierres à «Quinte-Essence», un magasin et librairie local. Les propriétaires Anne-Marie et son mari sont super sympa. Nous avons eu une conversation très agréable.

Quand j'étais en train de me rendre à l'office du tourisme, j'ai vu Morrigan de nouveau qui m'invitait pour déjeuner chez elle. J'avais déjà mangé j'ai donc refusé, mais après encore quelques échanges d'idées, nous avons décidé de rester en contact. J'ai rencontré tellement de gens sympas ici depuis mon arrivée et beaucoup qui sont très intéressés par mon travail et les énergies des mégalithes*. Il me semble que ce livre est très important et doit être publié, mieux plus tôt que plus tard, afin de souligner l'importance et la fonction de ces immenses chefs-d'œuvre appelés mégalithes*.

Morrigan a suggéré que je visite une source sacrée appelée Notre Dame de Paimpont qui se trouve sur un chemin juste à côté du lac local. J'ai pris son conseil, c'est un endroit charmant et calme. Je n'ai pas fait des lectures, comme il y avait trop de gens, et ça me semblait irrespectueux. J'ai ensuite pris la promenade autour du lac. L'air vert était très rafraîchissant et une distraction agréable de mes lectures de l'énergie puisque je n'ai pratiquement pas pris de temps pour me détendre depuis que j'ai mis les pieds sur le sol français.

20.   RETOUR À CARNAC

Aujourd'hui, j'ai roulé à Carnac où je partage une maison à Plouharnel. J'ai un hôte merveilleux qui s'appèle Karine qui vit juste à côté de la maison où je suis et qui s'assure que ses invités ne manquent de rien. Ils ont un chat très amical appelé Osiris, mais qui répond aussi au nom Poupette. Poupette adore jouer et est très acrobatique, elle chasse même des mouches dans les arbres. Il pleut et il y a beaucoup du vent ce qui ne me dérange pas du tout comme il est bien temps qu'il y ait de la pluie ici et ça me donne le l'occasion et le temps pour travailler sur l'édition de mon livre.

21.   BOIS D'AMOUR QUIBERON – FAILLES ET ÉTUDES GÉOLOGIQUES

Le soleil est de retour, il fait plus frais au matin, mais les après-midis sont encore assez chauds.

J'ai pris quelques photos du coucher et du lever de soleil à l'équinoxe d'automne au quadrilatère* de Crucuno hier soir et ce matin et je me suis régalée de la plus belle pleine lune. Je suis en train d'essayer de faire une photo spéciale digne d'être sur la couverture de ce livre.

Je suis également allée faire quelques mesurages au «bois d'amour» aujourd'hui. J'ai lu dans un livre de Howard Crowhurst, la personne avec qui j'ai fait les visites guidées lors des grandes marées et qui a donné les conférences, que le bois d'amour fait partie de l'un de ses calculs mathématiques et qu'un géobiologue ne pouvait pas déterminer ce qui jouait ici exactement, seulement qu'il y avait une sorte d'énergie tellurique et des cheminées cosmo-tellurique. L'endroit n'était pas facile à trouver, mais les arbres alentours m'ont donné une indication qu'il y avait une sorte de stress géopathique* ici. Pas de signal pour l'eau courante ou stagnante. Mon antenne de Lecher* a résonné avec une faille géologique, pour laquelle j'ai trouvés quatre signaux dont deux qui se croisaient à l'endroit que Howard mentionne dans son livre. Il n'y a aucune indication qu'un mégalithe* fonctionne toujours ici, bien que ce serait un endroit pour mettre un tumulus* ou un dolmen* selon les schémas énergétiques que j'ai trouvés jusqu'à présent.

Cette partie de Quiberon fait partie du mur atlantique et il y a des bunkers ou tranchées sous l'endroit que Howard a indiqué, bien que mon antenne a détecté un signal vrai pour les failles que j'ai pu authentifier avec mon antenne de Lecher*.

J'avais pensé que c'était un bon exercice pour moi de venir ici avant mon dernier défi de trouver un modèle reproductible définitif des alignements* aux différentes localisations. Une autre question importante qui reste encore sans réponse est pourquoi les alignements* sont dans la région de Carnac?

J'ai fait une liste des endroits où j'ai trouvé un signal pour une faille géologique et j'ai réussi à trouver une carte géologique assez détaillée établie par le BRGM, un organisme gouvernemental français. Le document se compose de 300 pages et est une compilation de toutes les cartes géologiques de la région du Morbihan. Il y a pas mal de failles sur la presqu'Île de Rhuys, où j'ai trouvé des signaux pour des failles dans le tumulus* de Tumiac et au dolmen* du Grah Niol. Aucun pour Locmariaquer, bien que j'ai trouvé qu'une autre personne qui a une antenne de Lecher* a également trouvé une faille à la hauteur du Grand Menhir* Brisé.

Il n'y a pas de failles majeures pour le bois d'amour, ni pour les alignements* du Petit Menec et aucun pour tous les autres alignements* dans la région de Carnac. Peut-être que la région n'était pas exploitée ou que les failles ne sont pas assez importantes pour les mentionner sur la carte géologique.

La Roche aux Fées est en revanche, en effet, dans une région de failles géologiques majeures.

22. ENLEVER LA VOILE SUR LES ALIGNEMENTS – ALIGNEMENTS DE SAINT PIERRE QUIBERON OU KERBOURGNEC – ALIGNEMENTS DE KERZERHO ET DOLMENS DE MANE BRAZ

Aujourd'hui était une autre journée belle et ensoleillé.

Mon objectif pour les jours à venir est d'essayer de mesurer pourquoi les alignements* sont là où ils sont. Je commence à avoir l'impression que l'homme néolithique* voyait la terre de la même façon qu'un géobiologue regarde les habitations à l'heure actuelle. Mon point de départ des recherches pour les alignements* aujourd'hui est donc de voir s'ils sont tous sur du stress géopathique* que j'ai trouvé déjà être le cas pour la plupart, sinon tous les mégalithes* que j'ai mesuré jusqu'à présent. Les causes de stress géopathique* sur lesquels les mégalithes* ont été construits sont, soit des sources d'eau, des failles et des courants d'eau. Je peux également confirmer que les alignements* du Petit Menec sont sur plusieurs courants d'eau qui sont perpendiculaires à l'alignement* et aussi sur quelques failles.

22.1. ALIGNEMENTS DE SAINT PIERRE QUIBERON OU KERBOURGNEC

Tout d'abord à l'ordre du jour sont les alignements* à Saint Pierre Quiberon, où je suis déjà allée lors d'une des visites guidées avec Howard. Comme celui-ci était un alignement* très grand jusqu'à ce qu'il soit pris par la mer, j'estimais que je pourrais découvrir quelque chose. Les 23 menhirs* de l'alignement* de Kerbourgnec font partie d'un alignement* qui se poursuit sur un côté dans la mer et sur l'autre extrémité dans une enceinte* appelé cromlech* qui est le demi-cercle de Kerbourgnec ou Saint Pierre Quiberon (voir 10.).

J'avais seulement une petite surface de menhirs* pour mesurer et j'avais du mal à déterminer quelles pierres formaient les rangées. J'ai trouvé un signal pour l'eau courante avec une direction de 244 degrés qui donnait un signal pour son énergie négative aussi bien que pour les énergies bénéfiques transformées. Lectures supplémentaires ont montré que chaque menhir*, au moins ceux que j'ai mesurés, attirent 12 lignes des réseaux de la terre*. Voir 10. pour une photo de ces alignements*.

22.2. ALIGNEMENTS D'ERDEVEN OU KERZERHO

Je suis ensuite allée aux alignements de Kerzerho* près d'Erdeven (voir aussi 6.3.). J'ai remarqué qu'il y a un menhir* qui a la forme d'une main avec l'index pointant vers le haut ici. Je n'ai que remarqué cette forme du menhir* quand il était illuminé en rouge lors du coucher de soleil de l'équinoxe. Il y a une photo de ce menhir* un peu avant le coucher du soleil d'équinoxe sur la couverture de ce livre. Je me demandais si cela pourrait être un signe des anciens, une sorte de X qui marque l'endroit. À ma plus grande surprise, en effet!

J'ai vérifié si le menhir* a une marque orange sur lui qui signifie qu'il a été redressé, mais ce n'est pas le cas. Il est donc toujours érigé comme il était il y a des millénaires !!

La main avec l'index pointant vers le haut est en fait une icône de notre époque moderne. Même la souris de mon ordinateur se transforme en cette forme quand je passe sur un lien sur internet. C'est aussi ce qu'on fait à l'école quand on à la réponse à une question et qu'on demande la permission de parler. Cela me fait penser. Je fais la réflexion sur quelque chose que Howard a dit sur les alignements du soleil et de la lune, comme c'était que les mégalithes sont construits pour que cet alignement se trouve au centre du mégalithe à cette époque si... Qu'est-ce je suis en train de rechercher? C'est peut-être un peu fantaisiste, mais l'énergie tachyon* permet de se déplacer plus vite que la vitesse de la lumière. Selon Einstein, celui qui se déplace plus vite que la vitesse de la lumière, retourne dans le temps. Serons-nous capables de récolter et de maîtriser cette énergie tachyon* produite par les dolmens* et les menhirs* dans l'avenir et retourner dans le temps et laisser des signes pour nous à trouver comme celui-ci? Oui, un peu fantaisiste, mais apparemment Nikola Tesla était déjà capable de récolter de l'énergie qui est fort probablement de ce type.

J'ai trouvé un croisement de deux failles bien larges juste en dessous de la main! Il semble que X marque l'endroit! C'est bien étonnant tout ça!

Je pense toujours que j'ai tout vu et vécu, mais encore une fois, je ne l'ai pas. J'ai cherché des signaux pour des courants d'eau, mais il n'y en a pas. J'ai trouvé encore un autre signal pour une faille, de 3 mètres de large et perpendiculaire à la rangée qui est à la hauteur du 9ème et 10ème menhir* lors du comptage de l'arrière, sur la première rangée qui va de l'avant (rue) complètement vers l'arrière. Les failles donnent un signal pour les énergies bénéfiques comme l'énergie vitale/force de vie*, le tachyon*, l'orgone*, l'énergie sacrée et divine qui sont emportées dans la faille.

L'index pointe vers l'endroit où l'énergie divine, sacrée, énergie vitale/force de vie*, le tachyon* et l'orgone* peuvent être mesurées (voir 5.4.), juste au-dessus des menhirs*, que je trouve être un résultat assez reproductible.

Un signe!?!

Photo: menhir* qui a la forme d'une main avec l'index pointant vers le haut

Autres lectures ont révélé que chaque menhir*, eh bien au moins ceux que j'ai réussi à mesurer, et ceux que j'avais déjà mesurés ici avant, attire

6, 12 ou 18 lignes des réseaux de la terre*. Encore une fois, une multitude de 6!

22.3.   DOLMENS DE MANE BRAZ

J'ai ensuite fait une agréable promenade le long du «sentier des mégalithes», aux dolmens* de Mane Braz que j'avais déjà visités brièvement, mais où je n'avais pas eu le temps de mesurer tout (voir 11.1.). Des mesurages d'énergies ont révélé que les lignes des réseaux de la terre* sont normaux en dehors du confinement du dolmen* et que les lignes des réseaux* sont déplacées de l'intérieur vers l'extérieur du dolmen* ce qui indique qu'un écran de protection est en place. J'ai cherché après des failles, mais j'en ai pas trouvé. J'ai trouvé un courant d'eau au troisième dolmen* venant de l'allée du dolmen* des deux côtés. Il ne reste que deux dalles sur ce dolmen*. Les courants d'eau montraient un signal pour l'énergie négative et les énergies bénéfiques dans lesquelles l'énergie négative est transformée. Le signal a été si fort d'un côté que l'antenne basculait dans la direction de l'écoulement. Il est évident que ce dolmen* est sur une source d'eau.

Photo: dolmen* Mane Braz d'où viennent les 2 signaux pour l'eau courante

23. ÎLE AUX MOINES - DEMI-CERCLES D'ER LANNIC – CROMLECH OU DEMI-CERCLE DE KERGONAN

J'ai pris le bateau aujourd'hui du port de Locmariaquer à l'Île aux Moines. Une visite du Golfe du Morbihan était également incluse. Nous avons eu une belle vue sur l'Île d'Er Lannic, qui possède deux demi-cercles dont un est sous le niveau de la mer à la marée haute.

Photo: l'Île d'Er Lannic avec un des demi-cercles de pierres et le cairn* de Gavrinis sur l'Île de Gavrinis juste derrière à droite

J'ai décidé de prendre le sentier des mégalithes* sur l'Île aux Moines. Premier mégalithe* sur cette promenade est le cromlech* de Kergonan, un fer à cheval en forme de demi-cercle, enfin un que j'ai pu mesurer dans la plupart de sa partie intérieure. Les parties intérieures des deux autres que j'avais mesurées avant et qui sont dans ce livre, Crucuny et Saint Pierre Quiberon sont principalement dans des jardins privés. Le cromlech* de Kergonan est de 101 mètres de large et 70 mètres de profondeur. Des mesurages d'énergies indiquent que le demi-cercle fonctionne. Les menhirs*, que j'ai mesurés ont également un signal pour l'énergie de transformation contrairement à ceux à Crucuny. J'ai trouvé un croisement des failles qui donnent aussi un signal pour les énergies transformées, ce qui est l'orgone*, le tachyon* et énergie vitale/force de vie*. Toutes les pierres montrent un signal pour l'énergie divine et sacrée. Il n'y a pas de signal pour un réseau sacré à l'intérieur du demi-cercle comme les tombes qui ont une cour intérieure en Irlande et des dolmens* assez grands que j'ai mesurés en Bretagne comme par exemple la Roche aux Fées. J'ai vérifié quatre pierres sur le côté gauche du demi-cercle pour voir combien de lignes énergétiques des réseaux de la terre* sont attirées et j'ai trouvé respectivement 12, 6, 12 et 6 pour tous les réseaux*.

Un grand menhir* sur l'extrémité droite du demi-cercle qui s'appelle Le Moine attire 60! lignes énergétiques de tous les réseaux de la terre*.

Photo: le menhir connu comme Le Moine

Il y a aussi deux dolmens* sur l'île, un petit appelé le dolmen de Kerno* et un plus grand avec quelques gravures qui sont encore visibles et à un endroit où on a une très belle vue sur la baie. Je n'ai pas eu le temps de faire des lectures d'énergies car je devais être de retour à temps pour prendre le bateau. Ils me «semblaient» fonctionner. Si vous mesurez certaines énergies régulièrement, on commence à reconnaître comment elles «ressentent», mais en tant que scientifique, je préfère mesurer parce l'antenne de Lecher réagit sur la résonance entre ce qui est recherché et ce qui est mesuré.

Si vous souhaitez rester plus longtemps sur l'île, il est conseillé de prendre un bateau de Port Blanc, qui est une traversée de 5 minutes et il y a des navettes toutes les 15 minutes jusque tard au soir.

24. ALIGNEMENTS DE CARNAC: MENEC – KERLESCAN – MANIO - KERMARIO

Aujourd'hui je suis encore une fois allée à la «maison des mégalithes», le centre d'accueil des alignements* de Carnac.

Les alignements* de Carnac sont les plus spectaculaires et les plus intrigantes des mégalithes* dans le monde. Érigés il y a 6000 ans, trois mille monolithes ont fait partie du paysage Breton depuis la préhistoire. Au cours des siècles, le site a donné lieu à de nombreuses légendes.

Les pierres de Carnac (en Breton: Steudadoù Karnag) sont une collection exceptionnellement dense de sites mégalithiques autour du village de Carnac, en Bretagne, constitué d'alignements*, de dolmens*, des tumulus* et des menhirs isolés*. Plus de 3 000 menhirs* préhistoriques ont été taillés de la roche locale et érigés par les habitants du pré-celtique de Bretagne et forment la plus grande collection dans le monde. La plupart des pierres sont dans le village Breton de Carnac, mais certains sont à l'est à Trinité-sur-Mer. Les pierres ont été construits à un certain moment au néolithique*, probablement vers 3300 ans avant Jésus Christ, mais certains peuvent dater de même 4500 ans avant Jésus Christ. Le site se compose des alignements suivants* de l'ouest vers est:

1. le Menec
2. Kermario
3. Manio
4. Kerlescan
5. le Petit Menec (localisé à Trinité-sur-Mer)

J'ai eu une brève discussion avec quelqu'un qui travaille au centre mégalithique, à qui j'avais déjà parlé il y a quelques semaines, après avoir encore une fois bien regardé et écouté le film qu'on peut voir au centre. Le film parle de 10 000 pierres et d'environ 100 à 150 alignements qui existent encore dans la région. J'ai étudié la carte géologique de la région et je me demandais pourquoi les mégalithes* n'étaient pas construits dans d'autres parties de la région qui ont du stress géopathique* plus important. Peut-être les endroits ont été choisis avec moins de stress géopathique* parce qu'ils seraient plus faciles à maîtriser les énergies dans une localisation pareille pour avoir des meilleures récoltes.

Dans le film on mentionnait qu'on avait trouvé des assiettes d'évaporation de sel blanc dans le tumulus* Saint Michel, ainsi que d'autres objets très précieux comme des haches en jade et des bijoux en variscite, dont certains matières sont venues de loin. On pensait que le sel blanc, un produit local a été très précieux, était également utilisé pour le commerce car il peut être utilisé pour la conservation des aliments et pour des raisons diététiques. Dans le film, ils pensaient que cela pourrait être la raison pour expliquer pourquoi cette région avait été choisie pour y vivre et à ériger les menhirs* et construire les mégalithes*.

La personne qui travaille au centre a confirmé que le sel est encore produit à Carnac, à Trinité-sur-Mer et à Suscinio sur la Presqu'Île de Rhuys. Hmm, cela expliquerait aussi qu'ils ont construit les mégalithes* dans ces régions pour changer les énergies comme tel, afin qu'ils sachent produire des meilleures récoltes, et afin de nettoyer les terres des énergies négatives des réseaux de la terre* et de les fertiliser avec les énergies bénéfiques produites par les mégalithes.

La mer, qui n'aurait pas été très loin au Néolithique*, ainsi que deux rivières, pourraient également jouer comme facteur comme à Sligo, mon pied à terre irlandais, où les plus anciens mégalithes* en Irlande se trouvent, de avant 5000 ans avant Jésus Christ. Sligo en irlandais est Sligeach qui veut dire endroit de coquilles. Il a obtenu son nom parce que les gens qui y ont vécu il y des milliers d'années ont laissé des coquilles des huîtres et des moules qu'ils mangeaient en tas à proximité de la rivière et de la mer. C'est bien intelligent de ne pas dépendre entièrement des récoltes et le poisson et les fruits de mer étaient un bon moyen pour se nourrir également.

Un autre facteur est le fait que dans la région de Carnac, comme dans la région de Sligo, les pierres étaient déjà présentent. C'est pourquoi ériger des pierres ou construire des dolmens* était plus facile pour l'homme néolithique*.

Et maintenant pour la dernière étape de ma recherche: les alignements* de Carnac.

24.1.   ALIGNEMENTS DU MENEC

Je suis arrivée aux alignements du Menec* avant le lever du soleil et j'ai décidé de tout d'abord prendre le chemin à l'extérieur de la clôture. J'ai vu un homme qui vit juste à l'extérieur du cromlech* du Menec, qui englobe la petite ville de Menec, qui quittait sa maison pour promener son chien. Première chose que le chien à fait était de faire pipi sur le premier menhir* qu'il rencontrait. Si cela n'est pas honorer les mégalithes*, je ne sais pas ce que c'est!

En marchant en parallèle avec les alignements*, j'ai trouvé 4 signaux au total pour des failles géologiques. D'une, je ne pourrais pas déterminer la direction car je ne pouvais pas voir les menhirs de là. Un arbre sur cette faille montrait une croissance évasive, une indication et une confirmation pour du stress géopathique*.

Deux autres failles sont en diagonales par rapport aux rangées des menhirs* et une faille est perpendiculaire aux deux failles. Elles sont respectivement 5 pas, 6 pas et 10 pas de largeur et donnent également un signal pour les énergies bénéfiques, transformées par les menhirs*, étant l'énergie vitale/force de vie*, le tachyon* et l'orgone*. Les énergies à l'intérieur de la clôture des alignements* du Menec ont confirmé les mêmes 3 derniers signaux de failles. Le premier signal a été dans une autre section. Il n'y a pas de signaux pour l'eau courante dans cette section des alignements* du Menec.

Photo: les alignements* du Menec

Les menhirs* que j'ai mesurés attirent 18 lignes de chaque réseau de la terre*. Un plus grand menhir*, 36 lignes de chaque réseau de la terre*.

24.2.   ALIGNEMENTS DE KERLESCAN

Une analyse de toute cette section et plusieurs piqûres de l'ajonc dans mes jambes inférieures révèlent qu'il n'y a aucune faille géologique présente ici.

Photo: alignements* de Kerlescan

J'ai, cependant, trouvé 4 lignes d'eau courantes, détecté avec le signal de l'énergie positive, le signal de l'énergie négative étant complètement transformé. Elles sont tous perpendiculaires aux rangées des menhirs*. Les menhirs* que j'ai mesurés attirent 18 lignes de chaque réseau de la terre*.

24.3.   ALIGNEMENTS DE MANIO

Au début de mes lectures une buse m'a survolée et j'ai eu l'impression qu'elle était en train de m'observer jusqu'au moment ou autre chose a attiré son attention. Les alignements et le tertre de Manio* ne montrent aucun signal pour des failles géologiques.

Le grand menhir* sur le tertre montre 12 signaux pour l'eau venant d'en dessous du tertre et que j'ai trouvé avec le signal de l'énergie positive, le signal d'énergie négative étant complètement neutralisé et transformé. Les 12 signaux sont une indication que le tertre est sur une source d'eau.

Photo: alignements* et tertre de Manio

24.4. ALIGNEMENTS DE KERMARIO SECTION À GAUCHE DU MOULIN – DÉCOUVERTE D'UNE CONFIGURATION SPÉCIALE D'ÉNERGIES: ÉNERGIES D'UN QUADRILATÈRE DANS UN ALIGNEMENT

J'ai trouvé un signal pour l'eau stagnante qui a une surface de 8 sur18 pas. Il y a également une faille qui est diagonale par rapport aux rangées de menhirs* que j'ai initialement détecté quand j'ai remarqué un arbre dont le tronc montrait une croissance évasive.

Des mesurages plus approfondis ont montré que ce signal de la faille était dévié par une sorte d'écran de protection qui avait une forme rectangulaire similaire aux énergies de ma maison et les quadrilatères*!

Les énergies au milieu de ce «8 sur 18 pas» ont démontré un croisement des énergies sacrées, divines, lignes Ley bénéfiques et un vortex qui tourne en sens horaire similaires aux énergies dans les chambres de ma maison et la partie intérieure des quadrilatères* dans ce livre. Ceci semble être dans un confinement de quatre menhirs*, en fait trois parce qu'il y en un qui a été enlevé. J'ai mis une petite pierre sur l'endroit où la quatrième devrait être.

Je m'interrogeais sur le signal négatif de l'eau stagnante déplacé juste à l'extérieur de l'écran de protection, comme j'ai eu le cas chez moi à la maison, après une fuite de l'un de mes radiateurs.

Photo: alignements* de Kermario

J'ai cherché l'eau stagnante avec le signal de l'énergie positive à l'intérieur d'où se trouvait l'écran de protection et cela semblait être beaucoup plus confiné à l'intérieur du quadrilatère*, seulement une surface de 2 sur 3 pas.

Quelle incroyable découverte! Et comment c'est intéressant. Les qualités énergétiques d'un quadrilatère* dans un alignement. Pour quel but? Cela semble être un moyen de combiner toutes les énergies positives et bénéfiques dans une des configurations. Peut-être que l'homme néolithique* voulait faire de l'eau très spéciale de cette eau stagnante. Et bien à savoir que le signal négatif de l'eau stagnante n'est pas neutralisé ou pas neutralisé complètement par les menhirs*.

Photo: configuration énergétique d'un quadrilatère* entre 2 rangées des menhirs* des alignements* de Kermario

!!! J'ai mesuré un croisement de deux lignes d'orgone*, deux lignes d'énergie tachyon* et deux lignes de l'énergie vitale/force de vie*. C'est la première fois que je mesure des lignes d'orgone*, de tachyon* et de l'énergie vitale/force de vie*!!!

Quelle découverte pour terminer mon livre!

Je vais quitter Carnac bientôt, après avoir prolongé mon séjour 3 fois! J'ai fait beaucoup d'amis ici, et comme les gens en Irlande, ils me demandent quand je reviens. Super! J'espère y retourner bientôt.

GLOSSAIRE

Alignement(s): rangée(s) de menhirs. Ils peuvent être combinés, comme à Carnac, avec des enceintes mégalithiques et organisés en groupes plus ou moins parallèles.

Allée couverte: dolmen qui a une allée longue

Antenne de Lecher: instrument scientifique gradué capable de détecter et d'envoyer de l'énergie. L'instrument est réglable à différentes fréquences afin de rechercher des énergies différentes.

Cairn: tas ou monticule de pierres couvrant un tombeau

Cromlech ou enceinte: monument mégalithique composé de menhirs habituellement arrangées dans un cercle ou une ellipse

Dolmen: monument mégalithique qui se compose d'une dalle horizontale placée sur les pierres dressées. Les dolmens ont été couverts par un cairn ou un tumulus lorsqu'ils ont été construits.

Échelle de Bovis: l'intensité des rayons ou vibrations, d'un lieu, une plante ou un objet peut être mesurée sur l'échelle de Bovis avec une antenne de Lecher. Ce sont des unités dites de qualité vibratoire ou l'intensité de la radiation de tout ce qui est mesuré, en unités Bovis. Une habitation saine et une personne en bonne santé doivent être d'au moins 6 500 unités Bovis. Les valeurs inférieures à 6 500 unités Bovis indiquent une carence énergétique qualitative. Des valeurs supérieures à 6 500 unités Bovis indiquent une qualité supérieure.

Énergie tachyon: La communauté scientifique a montré que la matière n'est que la condensation d'un substrat vibratoire universel qui est composé d'énergie subtile. Il s'agit de la condition virtuelle qui est appelée énergie du point zéro. De la matière est créée lorsque l'énergie du point zéro est transformée en énergie tachyon. L'énergie tachyon est ensuite transformée par les champs d'organisation d'énergies subtils (SOEFs) en matière et en forme.

Le terme SOEF (Subtle Organizing Energy Field ou champ d'organisation d'énergies subtiles) tente de décrire comment la descente de l'énergie subtile vers une forme matérielle se produit et comment il est organisé.

L'énergie du point zéro est présente partout. L'énergie du point zéro a trois caractéristiques majeures.

Tout d'abord, l'énergie du point zéro est infiniment intelligente. Deuxièmement, l'énergie du point zéro porte en elle toutes les possibilités qui sont nécessaires pour créer des formes parfaites. Troisièmement, l'énergie du point zéro n'a pas de forme et n'est pas manifeste.

La première transformation de l'énergie du point zéro est en l'énergie tachyon. Le chercheur éminent allemand, le Dr Hans Nieper, décrit l'énergie tachyon comme une forme d'énergie qui est plus ou moins condensée, la condition virtuelle sur le chemin de changer en une particule. Le champ tachyon existe sur la limite entre l'énergie et la matière. Biologiste Philips S. Callahan décrit un tachyon comme «une particule qui se déplace plus vite que la vitesse de la lumière». L'énergie se transforme de plus en plus et obtient une forme. Ce modèle tachyon explique comment l'énergie du point zéro est condensée en énergie tachyon. L'énergie tachyon est ensuite transformée en fréquences spécifiques par les champs d'organisation d'énergies subtiles. Cette énergie est, selon Wagner et Cousens, transformée dans le corps humain, de telle manière que l'entropie est inversée. Cela a pour effet que le processus de vieillissement est inversé. Quand un SOEF est activé, il obtient une meilleure structure et organisation. Cela préserve l'organisme vivant, donc cette entropie, c'est-à-dire la désintégration, est inversée et également le processus de vieillissement. Fonction de l'énergie tachyon: ralentir le processus de vieillissement.

L'énergie tachyon n'a aucune fréquence. Elle contient toutes les fréquences en soi. L'énergie tachyon est la source de toutes les fréquences.

Le corps et l'esprit sont en contact avec l'énergie du point zéro à travers d'un champ tachyon qui est converti en fréquences par les SOEFs. Ceci est la clé du rétablissement.

Le tachyon a un effet à tous les niveaux - le spirituel, le mental, l'émotionnel et le physique - et les équilibre. L'énergie tachyon est capable d'équilibrer les deux hémisphères, droite et gauche, du cerveau. La recherche a démontré que l'énergie tachyon a une forte influence sur le cerveau. La SOEF convertit l'énergie tachyon en énergie biologique capable de réveiller ou même de réactiver des parties encore endormis du cerveau.

J'ai pu trouver un taux sur l'antenne de Lecher qui résonne avec l'énergie tachyon ou avec le TAS (voir ci-dessous). Pour rendre mes explications plus facile, je mentionne à plusieurs reprises que les mégalithes transforment l'énergie négative en énergie tachyon. La présence de cette énergie tachyon a en fait une explication plus compliquée. Le mégalithe et plus précisément le mica dans le mégalithe subit une tachyonisation, ce qui signifie qu'un TAS (SOEF d'alignement de tachyon) se forme dans laquelle se trouve une forte concentration de tachyons. Mica est un silicate et selon Wagner silicate est le matériau le plus simple qui peut être tachyoniser, et qui forme le plus grand TAS de tous les matériaux connus qui sont tachyonisables. Comme tachyon n'a aucune fréquence mais est la source de toutes les fréquences, c'est en fait le TAS (SOEF d'alignement de tachyon) qui est mesuré avec l'antenne de Lecher. Donc en fait le site mégalithique utilise l'énergie du point zéro, agissant comme un matériau tachyonisé. Les mégalithes servent d'antennes, qui tirent et concentrent l'énergie tachyon de l'énergie du point zéro qui est omniprésent.

Énergie vitale/force de vie: combinaison de chi et de prana, qui sont tous les deux considérés comme d'énergies de force de vie. Ils ont chacun leur propre taux sur l'antenne de Lecher.

Ligne Ley Delmotte 16,4: une ligne Ley bénéfique et rectiligne entre deux structures du même type. Les énergies bénéfiques provenant de certains mégalithes sont transportées sur ces lignes Ley.

Mégalithe: monument composé d'une ou plusieurs pierres larges

Menhir: le mot Breton pour pierre longue. Mégalithe consistant en une pierre verticale ou également connue comme pierre levée. Les menhirs peuvent être isolés ou liés à un groupe de pierres organisé dans une ligne (= alignement), un cercle (= cercle de pierre) ou un demi-cercle.

Néolithique 9000-3300 ans avant Jésus Christ: période préhistorique où l'être humain a commencé à s'installer et à faire de l'agriculture et/ou élever du bétail.

Nombre d'or: le nombre d'or est aussi appelé section d'or, proportion divine, section divine, proportion d'or,... Il s'agit d'une proportion avec laquelle une certaine structure est construite. Cette proportion (1,618...) se retrouve dans la nature, ainsi que dans l'être humain et les plantes. Un site mégalithique, menhir ou construction taillés ou construit selon cette proportion d'or résonne avec l'énergie de la nature.

Orgone: Wilhelm Reich a identifié une forme d'énergie, qu'il a nommé Orgone qui est favorable à la vie et qui est souvent associée à l'énergie de vie dans le corps humain. Il a découvert que l'orgone s'accumulerait dans une boîte dont les parois se composaient de couches alternées de matières métalliques et organiques (accumulateur d'orgone ou ORAC) et qui pourrait être détecté par des personnes sensibles, ou par une diversité de moyens physiques. D'entre eux est «l'effet de la température»: une petite différence en température entre des mesurages réalisés à l'intérieur d'une ORAC et un boîtier sans métal qui sert de contrôle. Plus récemment, on a allégé que, en incorporant simplement des particules métalliques dans une matrice non-conductrice (généralement une résine synthétique), on arrive à produire une puissante source d'orgone. Ce matériel a été appelé Orgonite et est breveté par Karl Welz. Il y a maintenant un certain nombre de sites internet sur l'orgonite, dont certains affirment qu'il peut être utilisé pour guérir l'environnement. Un autre a des photos qui montrent une croissance plus importante des plantes quand ils se trouvent à la proximité de l'orgonite. L'auteur de ce livre, Anne-Marie

Delmotte, a mesuré environ 30 orgonites jusqu'à présent avec l'antenne de Lecher et a pu déterminer un taux sur l'antenne de Lecher qui correspond à ou résonne avec l'Orgone.

En revanche, l'énergie orgonique a aussi démontré de pouvoir pousser le corps en déséquilibre et de le rendre très malade. C'est un fait connu que l'énergie orgonique peut être transformée en un champ de force négative qui peut avoir des effets désastreux sur le corps. L'orgone se transforme en orgone mort lorsqu'il est confiné ou incapable de se déplacer librement. C'est pourquoi je vous demande d'approcher certains mégalithes qui sont très confinés avec prudence. Les énergies bénéfiques sont également présentes à l'extérieur des structures qui pourraient être un meilleur endroit à sentir ces énergies.

Quadrilatère: enceinte ou cromlech rectangulaire ou carrée de menhirs

Réseaux de la terre: la terre est entourée de plusieurs réseaux énergétiques. Ceux-ci se trouvent partout, dans des habitations et en plein air. Ils sont réguliers, bien que leur maille puisse parfois différer à cause des interférences. Deux réseaux sont appelés du nom de la personne qui les a découverts. Ils portent le nom de réseau Hartmann et de réseau Curry. Les autres réseaux sont: le grand réseau global et le grand réseau diagonal. Tous ces réseaux émanent de l'énergie négative.

Stress géopathique: le stress géopathique est une forme de traumatisme causé par les énergies perturbées ou anormales dans le manteau terrestre. La terre est entourée par des réseaux d'énergie qui peuvent devenir nuisibles à la vie.

Le stress géopathique a été impliqué dans un certain nombre d'effets indésirables pour la santé humaine, de conditions simples telles que l'insomnie ou de la confusion jusqu'à ceux très dangereux comme le cancer, une diminution de la fécondité et des maladies auto-immunes. Dangereuses causes de stress géopathique sont les veines nocives d'eaux souterraines. Autres causes de stress géopathique sont des lignes Ley, des croisements des lignes énergétiques des réseaux géomagnétiques, des failles géologiques, des cavernes souterraines et des concentrations minérales naturelles qui ont tous des effets similaires. Toutes ces causes de stress géopathique peuvent être mesurées avec une antenne de Lecher.

Tumulus: un monticule de terre et de pierres posés sur une tombe. Un cairn qui est un monticule de pierres aurait pu avoir été initialement un tumulus.

RÉFÉRENCES

-*The Lecher Antenna Adventures and Research in Geobiology and Bio-energy or Ascending the Veil on Secret Energies of Megalithic Sites, Energy Healing and Creating Sacred Space Using Free Magical Stones – Dowsed with the Lecher Antenna*, Dame Anne-Marie Delmotte, Éditions Delmotte, 2018.

-*Practical Guide for Dowsing with the Lecher Antenna – Elaborate Basic Training Course in Geobiology and Bio-energy*, Dame Anne-Marie Delmotte, Éditions Delmotte, 2018.

-*Carnac, les premières architectures de pierre*, Gérard Bailloud, Christine Boujot, Serge Cassen and Charles-Tanguy Le Roux, CNRS Éditions, 1995.

-*The Carnac Alignments*, Anne Belaud de Saulce, Éditions du patrimoine-Centre des monuments nationaux, 2015.

-*Carnac and Other Megalithic Sites in Southern Brittany*, Howard Crowhurst, Wooden Books Ltd, 2018.

-*Le Petit Mont,* Joël Lecornec, Éditions Jean-Paul Gisserot, 2010.

-*Cairn de Petit Mont - Livret de visite*, auteur inconnu (propriété intellectuelle du Département du Morbihan) Sentiers de culture Propriétés du Département Morbihan, année inconnue.

-*Mégalithes, principes de la première architecture monumentale du monde*, Howard Crowhurst, Éditions Epistemea, 2016.

-*Document public-Carte géologique harmonisée du département de Morbihan-notice technique, BRGM/RP-56656-FR,* BRGM-Géosciences pour une terre durable, février 2009.

-*Carnac, Locmariaquer and Gavrinis*, Charles-Tanguy Le Roux, Éditions Ouest France, 2017.

-*The Carnac Alignments, Neolithic Temples,* Jean-Pierre Mohen, Éditions du patrimoine-Centre des monuments nationaux, 2000.

-*The Carnac Alignments*, auteur inconnu, Centre des monuments nationaux, année inconnue.

-*Carnac, The Alignments-When Art and Science were one*, Howard Crowhurst, Éditions Epistemea, 2011.

 -*Wikipedia*

Pierres Plates: https://fr.wikipedia.org/wiki/Les_Pierres_Plates

Roche aux Fées: https://en.wikipedia.org/wiki/La_Roche-aux-F%C3%A9es

Carnac Alignements: https://en.wikipedia.org/wiki/Carnac_stones

Nombre d'or: https://en.wikipedia.org/wiki/Golden_ratio

Tumulus: https://en.wikipedia.org/wiki/Tumulus

-*Studies on "Life-Energy" by means of a Quantitative Dowsing Method. Comparison of orgonite with the orgone accumulator; spectrophotometric confirmation of its effect on water; nature of orgone,* Roger Taylor PhD; Syntropy 2012 (2): 17-32 ISSN 1825-7968, 2012.

-*The Mysteries-Unveiling the Knowledge of Subtle Energy in Ritual,* Bernard Heuvel, 2008.

-*Tachyon Energy – A New Paradigm in Holistic Healing* by David Wagner et Gabriel Cousens M.D., North Atlantic Books, 1999.

-*Points of Cosmic Energy* by Blanche Merz; The C.W. Daniel Company Ltd, 1987.

BIOGRAPHIE

Anne-Marie Delmotte est diplômée (graduat) avec grande distinction en chimie clinique et travaille comme un scientifique au gouvernement belge.

En 2018, elle reçoit le titre de Chevalier dans l'Ordre de Léopold pour son travail par le roi Philippe de Belgique. Le travail qu'elle effectue pour le gouvernement est complètement différent de son propre projet de recherche d'énergie personnelle.

 Parce qu'elle est hypersensible à toutes sortes d'énergies et parce qu'elle veut objectiver ce qu'elle ressent, elle est allée à la recherche d'un instrument scientifique capable de mesurer et d'identifier ces énergies objectivement. En 2008, en Belgique, l'organisation à but non lucratif CEREB l'a introduite à l'antenne de Lecher et à qui elle a acheté son instrument qu'elle cherchait depuis longtemps. Elle a suivi plusieurs cours de formation organisés par CEREB en géobiologie et bio-énergie. Elle a fait des mesurages énergétiques à plusieurs endroits connus pour leurs énergies spéciales comme la cathédrale de Chartres, près de Paris en France et plusieurs sites mégalithiques en Irlande. Elle vient de finir un projet de recherche énergétique des sites mégalithiques en Bretagne et principalement à Carnac. Après la guérison miraculeuse de sa mère, qui était en train de mourir, après un équilibrage de ses énergies avec l'antenne de Lecher, elle a décidé d'en savoir plus sur la bio-énergie. Elle a suivi des formations complémentaires en Belgique, étudié plusieurs livres et suivi un cours sur la méthode ACMOS en Écosse en Grande Bretagne.

Anne-Marie a également les compétences suivantes en énergétique: maître/enseignant/praticien en USUI Reiki, Reiki chamanique et Reiki pierres ainsi que le diplôme de praticien en Reiki nettoyage des lieux.